云计算与虚拟化技术丛书

Cloud Computing for Data Analysis
The missing semester of Data Science

数据工程师必备的云计算技术

[美] 挪亚·吉夫特（Noah Gift） 著

刘红泉 译

机械工业出版社
China Machine Press

图书在版编目（CIP）数据

数据工程师必备的云计算技术 /（美）挪亚·吉夫特（Noah Gift）著；刘红泉译 . -- 北京：机械工业出版社，2021.9
（云计算与虚拟化技术丛书）
书名原文：Cloud Computing for Data Analysis: The missing semester of Data Science
ISBN 978-7-111-69071-9

Ⅰ. ①数… Ⅱ. ①挪… ②刘… Ⅲ. ①云计算 Ⅳ. ① TP393.027

中国版本图书馆 CIP 数据核字（2021）第 177881 号

本书版权登记号：图字 01-2021-2289

数据工程师必备的云计算技术

出版发行：机械工业出版社（北京市西城区百万庄大街 22 号 邮政编码：100037）
责任编辑：王春华　孙榕舒　　　　　　　　　　责任校对：殷　虹
印　　刷：北京市荣盛彩色印刷有限公司　　　　版　　次：2021 年 9 月第 1 版第 1 次印刷
开　　本：186mm×240mm　1/16　　　　　　印　　张：12.25
书　　号：ISBN 978-7-111-69071-9　　　　　　定　　价：69.00 元

客服电话：（010）88361066　88379833　68326294　　投稿热线：（010）88379604
华章网站：www.hzbook.com　　　　　　　　　　读者信箱：hzjsj@hzbook.com

版权所有·侵权必究
封底无防伪标均为盗版
本书法律顾问：北京大成律师事务所　韩光 / 邹晓东

欢迎开启学习数据云计算的旅程。本书设计得非常实用，无论你打开哪一章，都将是开卷有益的。这些资料来自我职业生涯中所做的真实项目，我在世界各地的顶尖大学里使用这些资料进行了教学。

读完本书后，你将能完成以下工作：

- ❑ 创建云机器学习工作区。
- ❑ 管理机器学习实验和计算环境。
- ❑ 使用机器学习 Designer GUI 工具创建模型。
- ❑ 使用各种云平台创建训练管道（pipeline）。
- ❑ 自动化并监视管道。
- ❑ 自动化并观察实验。
- ❑ 使用 AutoML。
- ❑ 将机器学习模型部署到 Azure、GCP 和 AWS 上。
- ❑ 对机器学习端点进行负载测试。
- ❑ 使用机器学习模型调试生产问题。
- ❑ 为机器学习模型建立有用的日志。
- ❑ 为机器学习模型创建有用的 API。
- ❑ 为生产部署确定合适的云架构（例如 GPU、弹性端点等）。
- ❑ 将持续交付应用到机器学习系统中。
- ❑ 构建一个基于云的"机器学习工程"组合项目。
- ❑ 为业务问题创建一个机器学习工程解决方案。
- ❑ 利用创意为项目制作精彩的录屏。

目　录 *Contents*

第 1 章 *Chapter 1*

开　始

制定一个好的计划是构建软件时最具挑战性的部分。本章将介绍如何做到这一点。

1.1　有效的异步技术讨论

有用的技术讨论的关键是什么？有几个技巧可以显著增进围绕技术细节的专业对话。

下面是一个关于如何创建有用的技术讨论的录屏。

视频链接：https://www.youtube.com/watch?v=gcbjlq3B4cw。

1.1.1　可复制代码

如果讨论涉及代码，那么重现系统的能力将显著增进对话。共享或讨论的源代码必须平稳运行，否则它只会为共享造成负面影响。托管 git 和托管 Jupyter Notebook⊖是解决这一问题的两种常见方法。

⊖　https://jupyter.org/

托管 git

托管 git 的三个主要版本是 bitbucket⊖、GitHub⊜和 GitLab⊜。它们都提供了共享和复制代码的方法。这些代码可以在软件开发项目的环境中共享，也可以在基于异步的类似讨论中共享。

让我们关注一下 GitHub，这是这些选项中最常见的一个。与他人共享代码有两种主要方法。一种方法是创建一个公共存储库®，共享代码或将文件写成 markdown®形式。markdown 文件还可以通过 GitHub Pages®或 Hugo®之类的博客引擎提供网页服务，后者可以以每页小于 1 毫秒的速度创建网页。

另一种方法是利用 GitHub 的另一个强大特性：gist®。gist 的优势在于它支持语法高亮显示和格式化。步骤如下：

1）创建 gist，如图 1.1 所示。

图 1.1 创建 gist

⊖ https://bitbucket.org/product
⊜ https://github.com/
⊜ https://about.gitlab.com/
四 https://help.github.com/en/github/administering-a-repository/setting-repository-visibility
五 https://guides.github.com/features/mastering-markdown/
六 https://pages.github.com/
七 https://gohugo.io/
八 https://gist.github.com/

2）共享 gist，如图 1.2 所示。

图 1.2 共享 gist

3）以下是要共享的 URL：

https://gist.github.com/noahgift/b6eec243c70ba4f71033954c4da75dd3

许多聊天程序会自动呈现代码段。

托管 Jupyter Notebook

理论上，Jupyter Notebook 解决了创建可复制代码时的大量问题，但在实践中它需要一些帮助。Jupyter 的一个基本限制是 Python 打包环境。它无法克服底层操作系统难以驾驭的复杂性。

幸运的是，有一个简单的解决办法。具有可移植运行时的 Jupyter Notebook 是可复制的。可移植运行时包括 Docker⊖和 Colab⊜。Docker 格式文件可以指定运行时应该是什么样子，包括需要安装的包。

托管运行时容器的一个例子就在这个项目中：Container Microservices Project⊜（容

⊖ https://www.docker.com/
⊜ https://colab.research.google.com/
⊜ https://github.com/noahgift/container-revolution-devops-microservices

器微服务项目）。

用户如果想重新创建代码并在本地运行，可以进行如下操作：

```bash
1   #!/usr/bin/env bash
2
3   # Build image
4   docker build --tag=flasksklearn .
5
6   # List docker images
7   docker image ls
8
9   # Run flask app
10  docker run -p 8000:80 flasksklearn
```

这种方法针对部署进行了优化，并且对于侧重于部署软件的通信来说有一些优势。第二种方法是 Colab 方法。在这个 Colab 示例⊖中，这个 notebook 注释只有完整的代码，但通过点击"Open in Colab"按钮，用户可以完全重现被共享的内容（参见图 1.3）。

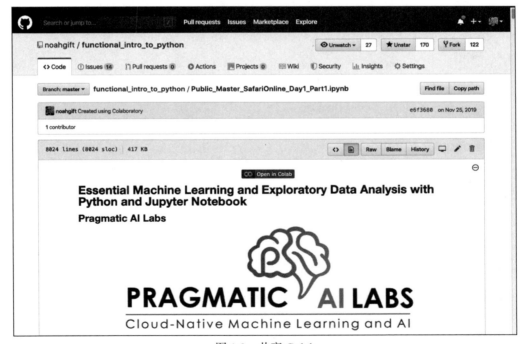

图 1.3　共享 Colab

⊖ https://github.com/noahgift/functional_intro_to_python/blob/master/Public_Master_SafariOnline_Day1_Part1.ipynb

1.1.2　音频、视频和图像

添加音频、视频和图像可以显著推进技术讨论。

1. 共享图像

一个简单的共享图像的方法是使用 GitHub 的 Issues（如图 1.4 所示）。一个实际的例子参见 https://github.com/noahgift/cloud-data-analysis-at-scale/issues/1。

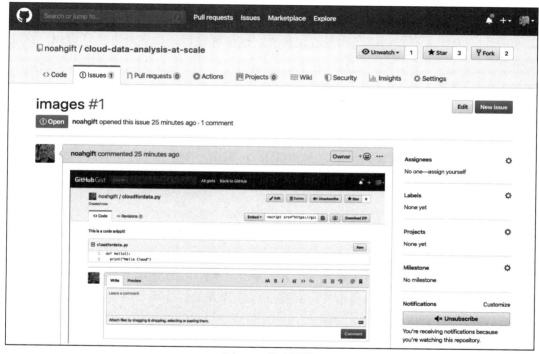

图 1.4　共享图像

2. 录屏

做一个快速的录屏可以提高讨论的价值。以下是创建 AWS Lambda 函数的录屏，这是一个很好的演示短片的例子。

视频链接：https://www.youtube.com/watch?v=AlRUeNFuObk。

下面是另一个关于创建技术视频时需要考虑到的问题的录屏。

视频链接：https://www.youtube.com/watch?v=upQEE9jwI3M。

你可以使用机器上已有的软件来快速创建录屏，这些软件包括 Zoom[⊖]、QuickTime Player[⊜]和 Camtasia[⊜]。

1.1.3 制作一次，重复使用多次

在技术讨论中要记住的一点是：制作一次，重复使用多次。专业评审可以通过课堂讨论、工作讨论、你正在写的书或者你正在参与的软件项目进行。

如果你制作出高质量的技术注释，那么你可以使用这些注释和代码示例很多年，甚至一生。为什么不去创建高质量的注释呢？这样你就可以以多种方式"重用"这些资产了。

1.1.4 技术讨论作为一种主动学习的形式

技术讨论的一个重要优势是，它们是一种主动学习的形式。使用现代软件开发实践在专业的环境下编写软件时，常常涉及许多团队的交互（例如 Pull requests（拉取请求）[⊗]）。这是一种"超级充电"的学习方式，可以使软件工程师以非凡的速度学习。

1.1.5 结论

构建软件或进行数据科学研究不应置会话于不顾，一旦构建完成或达到目标即停止。它是群体交流的一种迭代形式。在提交作业或完成商业项目时，与原始软件代码相比，会话更有价值。

1.1.6 练习：创造技术性帖子

方向

❑ A 部分：使用上面描述的技术在一个聊天频道（比如 Slack®、Piazza®或 Canvas©）

[⊖] https://zoom.us/

[⊜] https://support.apple.com/guide/quicktime-player/record-your-screen-qtp97b08e666/mac

[⊜] https://www.techsmith.com/video-editor.html

[⊗] https://help.github.com/en/github/collaborating-with-issues-and-pull-requests/about-pull-requests

[⊕] https://slack.com/

[⊗] https://piazza.com/

[⊕] https://canvas.instructure.com/

上创建一个或多个"技术性"帖子。使用上述的一种或多种技术在代码中表达你的想法。

☐ B 部分：在你学到新技术的地方，至少对一个人进行评论和回复。
☐ C 部分：把你学到的内容记录下来，以便日后使用。
☐ D 部分："演示"你的帖子。

1.2　有效的异步技术项目管理

1.2.1　为什么软件项目失败了

软件项目失败是很常见的。在海湾地区（Bay Area）工作了十多年，我看到的失败项目比成功的项目多。以下是最有可能出错的地方：

☐ 缺乏自动化。
☐ 缺乏有效的项目管理流程。
☐ HIPPO（Highest Paid Person's Opinion，高薪人士的观点）和英雄人物让所有人失望。这是"自我就是过程"的另一种说法。
☐ 缺乏有效的技术管理。
☐ 缺乏构建有效且准时的软件的经验。
☐ 过度自信。
☐ 不喜欢任何复杂的事物。
☐ 缺乏团队合作。

以下是一段关于项目管理的反面模式的录屏。

视频链接：https://www.youtube.com/watch?v=npiItwe8Cm4。

1.2.2　如何按时交付高质量的软件

一种实现按时交付的方法是制定计划。下面是一个清单：

1）从自动化开始。在写第一行代码之前，将其挂接到一个 SaaS 构建系统上，该系统将对代码进行代码质量检验和测试[○]。

2）在电子表格上创建季度和年度计划。推测一下每周的交付量，对每项任务的难度、时间进行估计。

以下是一段关于如何使用电子表格进行项目管理的录屏。

视频链接：https://www.youtube.com/watch?v=GbO24oKXyh8。

3）用 Trello 创建一个简单的基于 Board 的流程（如图 1.5 所示）：To Do（要做的）、In Progress（进行中的）和 Done（已完成的）。截止日期安排在周五最合适，周一则是进行快速"演示"的最佳时间。

图 1.5　Trello 示例

以下是一段关于如何使用 Trello 进行项目管理的录屏。

视频链接：https://www.youtube.com/watch?v=TEKMknfwHV4。

4）每周一都要进行演示。代码必须能够正常工作，并达到项目质量要求。

5）不要等到最后期限才完成工作。在关键时期，至少预留几周的 QA 或延迟时间。

6）不断查找并减少复杂性。如果有两个任务，其中一个更复杂，那么先做简单的那个。

○　https://circleci.com/blog/increase-reliability-in-data-science-and-machine-learning-projects-with-circleci/

7）创建一个有能力的团队，重视过程而不是自我。你可以在 *Teamwork: What Must Go Right/What Can Go Wrong*⊖以及 *Python for DevOps*⊜的最后一章中阅读更多关于团队合作的内容。

以下是一段有关实际技术团队合作的视频，可以借此了解更多信息。

视频链接：https://www.youtube.com/watch?v=7nQkdsAN2dM。

8）拥抱 YAGNI（You Ain't Gonna Need It，你不需要它）。

1.2.3　其他高失败率的例子

同样的软件项目管理原则也适用于以下方面。

1. 节食

节食、计算卡路里以及其他复杂的计划都不起作用。像间断性禁食⊜这样有效的自动化启发式方法是可行的。为什么呢？因为这是解决复杂问题的一种简单的启发式方法。

2. 锻炼和健身

不切实际的目标和过于复杂的计划会导致失败。自动化更合规。大多数人每天早上都刷牙。为什么？因为这是一种习惯。每天早上散步也是一种简单的自动化形式的例子，成功率为100%。

3. 省钱

起作用的是自动化：被动投资和被动储蓄。人类会有偏见，也会犯错，但自动化是永恒的。

4. 写书

写书就像构建软件一样。许多人在写书方面失败是因为复杂性激增和缺乏自动化——上周所做的工作与下周要做的差不多。

⊖　https://www.amazon.com/Teamwork-Right-Wrong-Interpersonal-Communication/dp/0803932901
⊜　https://www.amazon.com/dp/149205769X/
⊜　https://noahgift.com/articles/datascience-meets-intermittent-fasting/

1.2.4 练习：为最终项目创建一个技术项目计划

方向

❑ A 部分：与你的项目团队一起，制定一个大约 12 周的时间表，其中包含两周的 QA 工作。使用电子表格。这一步意味着在最后两周你必须强行停止开发特性并测试代码。这个时间线相当于最多 10 周的编码时间。

❑ B 部分：使用 GitHub⊖、Trello⊜或 Jira⊛创建一个客户服务系统（如票务系统）。警告：比没有客户服务系统更糟糕的是，客户服务系统因太过复杂而无法使用。这个过程更糟糕!

❑ C 部分：创建一个内部的"每周演示"计划，并邀请团队成员参与其中。确保这一过程是简短的，并且每周都能看到可以工作的代码。当遇到问题时，调整计划。

❑ D 部分：进行"演示"。

1.3 上 AWS、GCP 和 Azure 云

本节包含个人、公司、大学或其他组织如何上云的详细信息，涉及三个主要的云提供商：AWS、GCP 和 Azure。重要的一点是，任何个人和组织都可以从大量的免费实验室和资料中受益。不要忽视这些高质量的免费资源。

1.3.1 AWS

亚马逊是云计算方面的巨头。如果一开始只能选择一个云，那么 AWS（Amazon Web Service）将是一个理想的选择。可以通过几种方法开始使用 AWS。

1. AWS Free Tier（免费层）

Free Tier 是刚开始使用 AWS 云时的最佳选择之一。我经常建议学生使用带有额外实验室的 Free Tier 账号。在真实环境中的工作是没有替代品的。

⊖ https://github.com/

⊜ http://trello.com/

⊛ https://www.atlassian.com/software/jira

2. AWS Academy（学院）

任何想要教授云计算的学术机构都应该在 AWS Academy 注册。作为回报，你会得到：

❑ 官方认证的培训资料。
❑ Vocareum⊖的综合实验室的使用机会。

3. AWS Educate（教育）

AWS Educate 上有很多有用的教育工具。学生可以直接注册一个账户，获得访问 AWS 实验室和内容的权限。它还能帮助用户进行注册。

4. AWS 培训

AWS 培训网站提供了数百小时的免费内容，并且可以通过它注册 AWS Certification（认证）。

上 AWS

开发软件及使用该平台的理想和推荐的方法是使用基于云的开发环境。AWS 既有 Cloud Shell⊜，还在 AWS Cloud9⊜中有全云 IDE。这两种方法都适合上云，以及做一些轻松的工作。

使用 AWS 基于云的开发环境

要在 AWS 上开始设置一个基于云的开发环境，请遵循以下步骤。你也可以参考 multi-cloud-onboard®上的相关 GitHub 项目。

❑ 第 1 步：观看以下录屏，了解什么是持续集成以及为什么需要它。

视频链接：https://www.youtube.com/watch?v=QSL17lulDQA。

❑ 第 2 步：观看以下录屏，了解如何上 AWS Cloud9 进行开发。

视频链接：https://www.youtube.com/watch?v=n16t__g19c8。

⊖ https://www.vocareum.com/
⊜ https://aws.amazon.com/cloudshell/
⊜ https://aws.amazon.com/cloud9/
㈣ https://github.com/noahgift/multi-cloud-onboard

❏ 第 3 步：观看"构建 Python 项目脚手架"的录屏。

视频链接：https://www.youtube.com/watch?v=-mdv2wf8yQ8。

❏ 第 4 步：观看"GitHub Actions 介绍"的录屏。

视频链接：https://www.youtube.com/watch?v=ZvmKdcVGqFI。

1.3.2 微软的 Azure

微软有很多有价值的资源：

❏ 微软学习（Microsoft Learn）[一]。
❏ Azure 教育[二]。
❏ Azure 免费试用版[三]。

通过 PyTest 和 Azure Cloud Shell 来使用 GitHub Actions

我们将展示初始的基于云的开发环境是如何与 Azure Cloud Shell[四]和 GitHub Actions[五]一起工作的。这个示例项目的源代码见 https://github.com/noahgift/azure-ml-devops。

你可以在这里观看这个工作流程的录屏。

视频链接：https://www.youtube.com/watch?v=rXXtJpcVems。

什么是测试

观看关于"什么是测试"的录屏。

视频链接：https://www.youtube.com/watch?v=j9a-rbJwqMU。

Azure Cloud Shell 介绍

以下是一段介绍 Azure Cloud Shell 的录屏。

[一] https://docs.microsoft.com/en-us/learn/
[二] https://azure.microsoft.com/en-us/education/
[三] https://azure.microsoft.com/en-us/free/
[四] https://docs.microsoft.com/en-us/azure/cloud-shell/overview
[五] https://github.com/features/actions

视频链接：https://www.youtube.com/watch?v=j9a-VAAHwRVEOSw。

Azure 持续集成介绍

以下是一段介绍 Azure 持续集成的录屏。

视频链接：https://www.youtube.com/watch?v=0IAcF4cfGmI。

运行此 Azure GitHub Actions 项目的步骤

❑ 创建一个 GitHub repo（如果没有创建的话）。

❑ 打开 Azure Cloud Shell。

❑ 在 Azure Cloud Shell 中创建 ssh-keys。

❑ 将 ssh-keys 上传到 GitHub。

❑ 为项目创建脚手架（如果没有创建的话）。

❑ 创建 `Makefile`，类似于如下文件。

```
1  install:
2      pip install --upgrade pip &&\
3      pip install -r requirements.txt
4
5  test:
6      python -m pytest -vv test_hello.py
7
8
9  lint:
10     pylint --disable=R,C hello.py
11
12  all: install lint test
```

❑ 创建 `requirements.txt`，应该包括：

```
1  pylint
2  pytest
```

❑ 创建一个 Python 虚拟环境，如果没有创建的话，就运行 `source` 命令：

```
1  python3 -m venv ~/.myrepo
2  source ~/.myrepo/bin/activate
```

❑ 创建初始文件 `hello.py` 和 `test_hello.py`：

```
    hello.py

1   def toyou(x):
2       return "hi %s" % x
3
4
5   def add(x):
6       return x + 1
7
8
9   def subtract(x):
10      return x - 1
```

```
    test_hello.py

1   from hello import toyou, add, subtract
2
3
4   def setup_function(function):
5       print("Running Setup: %s" % {function.__name__})
6       function.x = 10
7
8
9   def teardown_function(function):
10      print("Running Teardown: %s" % {function.__name__})
11      del function.x
12
13
14  ### Run to see failed test
15  #def test_hello_add():
16  # assert add(test_hello_add.x) == 12
17
18  def test_hello_subtract():
19      assert subtract(test_hello_subtract.x) == 9
```

❑ 运行 make all，它将安装程序、检验代码质量和测试代码。

❑ 在 pythonapp.yml 中设置 GitHub Actions：

```
1   name: Azure Python 3.5
2   on: [push]
3   jobs:
4     build:
5       runs-on: ubuntu-latest
6       steps:
7       - uses: actions/checkout@v2
8       - name: Set up Python 3.5.10
```

```
 9        uses: actions/setup-python@v1
10        with:
11          python-version: 3.5.10
12      - name: Install dependencies
13        run: |
14          make install
15      - name: Lint
16        run: |
17          make lint
18      - name: Test
19        run: |
20          make test
```

❑ 提交更改并推送到 GitHub。

❑ 验证 GitHub Actions Test Software。

❑ 在 Azure Shell 中运行项目。

　　稍后，你可以扩展这个初始设置，以实现精确的持续交付工作流，如图 1.6 所示。这个初始项目可以作为入门工具包，来将代码部署到 Azure PaaS。

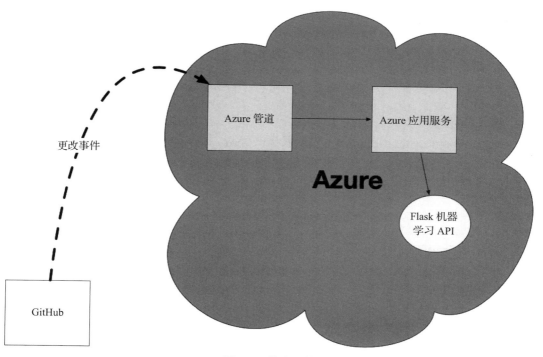

图 1.6　持续交付

想象一下这是一系列带有分支的步骤，如图 1.7 所示。

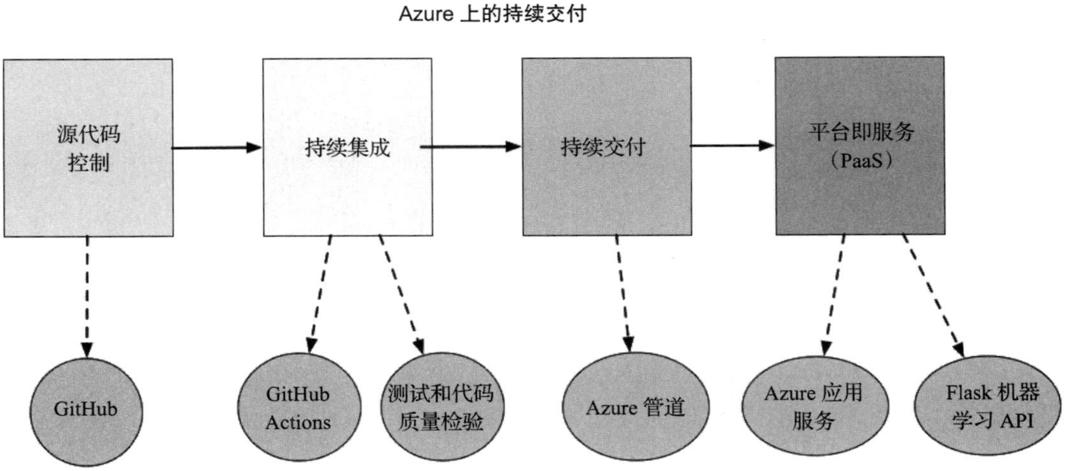

Azure 上的持续交付

图 1.7 持续交付项目：Azure

1.3.3 GCP

谷歌云是云世界中一个较小的参与者，但它有一些独特的产品，比如访问基于 Tensorflow 的 AutoML 系统，并使用 TFHub[⊖]和 Coral.AI[⊜]深入集成到基于边缘的工作流。

GCP 教育资源

GCP（Google Cloud Platform，谷歌云平台）中有很多值得教育工作者喜欢的地方。一种很好的选择是，学生和教师都可以通过 Google Education[⊜]申请免费的培训实验室学分和课程，所有教授云计算的教育机构都应该利用这些免费的资源。

1. GCP Free Tier（免费层）个人账户[⊗]
就像其他云提供商一样，谷歌云也有一个 Free Tier。

⊖ https://tfhub.dev

⊖ https://coral.ai

⊜ https://edu.google.com/programs/faculty/benefits

⊗ https://cloud.google.com/free

2. Qwiklabs[一]

Qwiklabs 是谷歌的一个优质的教学和探索资源。学生和教师可以通过 Web 申请表单[二]获得免费学分。

3. Coursera 按需培训课程

学生和教师可以获得 Coursera 课程的免费学分，这些课程直接映射到 Google Cloud Certifications（谷歌云认证）。学生和教师可以通过 Web 申请表单获得免费学分。

上 GCP

什么是持续交付，为什么要这样做

通过录屏了解什么是持续交付（CD）。

视频链接：https://www.youtube.com/watch?v=0IAcF4cfGmI。

谷歌 Cloud Shell 简介

通过以下录屏了解什么是谷歌 Cloud Shell，以及如何使用。本教程的源代码在 GitHub Repo[三]中。

视频链接：https://www.youtube.com/watch?v=_NgXtlRKbnw。

运行步骤是：

```
1   gcloud app create
2   gcloud app deploy
```

要点 / 怎么做

1）调用 repo。

2）在 Cloud Build 中设置触发器。

3）确保启用了这些设置（参见图 1.8）。

[一] https://www.qwiklabs.com/

[二] https://edu.google.com/programs/faculty/training-benefits/

[三] https://github.com/noahgift/gae-continuous-delivery

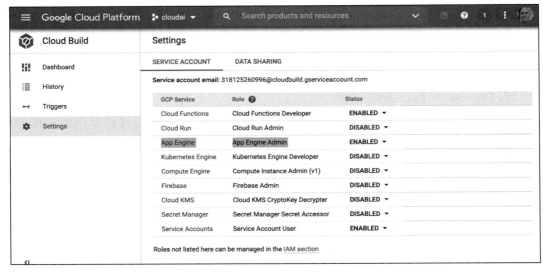

图 1.8

GCP 谷歌应用引擎的持续交付

谷歌的一个独特功能是谷歌应用引擎（Google App Engine，GAE）。观看以下录屏，了解如何使用它来执行 Flask 应用的持续交付。

视频链接：https://www.youtube.com/watch?v=2BJSUlaKMjQ。

1.3.4 练习：设置 CI 云

主题：在云环境中设置持续集成。

预计时间：30 分钟以上。

Slack 频道：#noisy-exercise-chatter。

人员：个人或最终项目团队。

方向：

❑ A 部分：使用云开发环境 GCP Cloud Shell⊖、AWS Cloud⊜或 Azure Cloud Shell⊜，设置 GitHub 项目并创建以下脚手架。

　● Makefile。

　⊖　https://cloud.google.com/shell/
　⊜　https://aws.amazon.com/cloud9/
　⊜　https://docs.microsoft.com/en-us/azure/cloud-shell/overview

- hello world 脚本。
- 使用 `pylint` 进行代码质量检验。
- 连接 Circleci 或 GitHub Actions，并在导入时执行代码质量检验。

❑ B 部分：记录你的设置，并在 Slack 或聊天系统上发帖分享。

1.3.5　练习：上云实验室

主题：上 AWS、GCP 实验室和微软学习（Microsoft Learn）。

预计时间：15 分钟。

Slack 频道：#noisy-exercise-chatter。

方向：

❑ A 部分：登录 Qwiklabs，运行一个以前从未运行过的实验室。将截图粘贴到 Slack 频道"你发现的有趣的东西"中。

❑ B 部分：登录 Vocareum，运行一个以前从未运行过的实验室。将截图粘贴到 Slack 频道"你发现的有趣的东西"中。

❑ C 部分：登录微软学习，运行一个以前从未运行过的实验室。将截图粘贴到 Slack 频道"你发现的有趣的东西"中。

❑ D 部分（可选）：使用我们所学到的关于有效技术交流的知识，并将其作为一个简短的教程写在 GitHub 上。分享这个帖子，而不是原始的截图。

1.3.6　高级案例研究：使用 Docker 和 CircleCI 从零开始建立云环境持续集成

本节将逐步介绍构建高级云开发环境的方法，包括 Docker、CircleCI 和 Dockerfiles 的代码质量检验工具。如果你对上一节中所做的设置感到满意，可以跳过这一节，但是浏览一下这些内容可能会有所帮助。

对于任何新的云开发项目，首先要设置的是一个持续集成管道。可以使用构建系统 CircleCI⊖来逐步实现（参见图 1.9）。也可以使用 GitHub Actions⊜或 AWS Code Build⊜轻松实现。

⊖　http://circleci.com

⊜　https://github.com/features/actions

⊜　https://aws.amazon.com/codebuild/

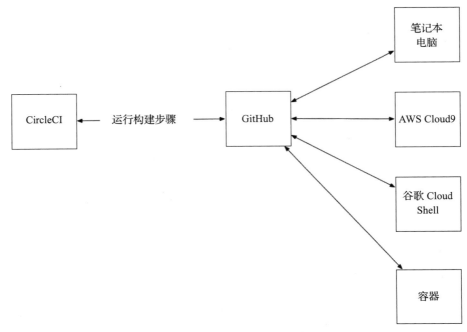

图 1.9 基于云的持续集成

使用基于云的开发环境可以解决许多重要问题：

❑ 简化了安全角色。

❑ 更快的交流途径。

❑ 通过云环境增强 IDE 和生产效率。

❑ 所有的云环境都有一个 Cloud Shell，这使得从一个云到另一个云的知识转移非常方便。

设置和使用 GitHub

要设置和使用 GitHub，你需要有一个 GitHub 账户并能上网。最基本的步骤是：

1）创建一个存储库，例如 `hello`。

2）向 GitHub 账户⊖添加 SSH 密钥。

3）在本地克隆存储库，例如：

⊖ https://help.github.com/en/github/authenticating-to-github/adding-a-new-ssh-key-to-your-github-account

```
1  git clone git@github.com:paiml/hello.git
```

4）创建一个修改并推送它。这一是重要的（在克隆的存储库中）进行第一次修改的例子。

以下代码添加一个 README.md 文件，并导入。

```
1  echo "# hello" >> README.md
2  git add README.md
3  git commit -m "adding name of repo to README"
4  git push
```

设置和使用 Virtualenv

Python 标准库包含一个称为 venv⊖的模块。虚拟环境解决了 Python 中的一个基本问题——Python 解释器与某一特定目录的隔离问题。在本例中，在用户的主目录中创建一个虚拟环境。

以下代码在 Python 中创建 Hello World 虚拟环境。

```
1  python3 -m venv ~/.hello
```

要使用这个虚拟环境，首先需要激活它。以下代码在 Python 中激活 Hello World 虚拟环境。

```
1  source ~/.hello/bin/activate
```

使用可重复的约定来创建虚拟环境

约定是一种强大的方法，可以通过一系列易于记住的步骤来简化复杂的软件工程任务。虚拟环境下基于约定的工作流也可以极大地简化使用过程。下面是一个简单的约定：

1）使用 ~/.[存储库名称] 格式创建一个虚拟环境。此步骤删除了关于在何处放置虚拟环境以及如何命名的抉择。如果你的 git 存储库名为 hello，那么你可以运行如下命令：

```
1  python3 -m venv ~/.hello
```

⊖ https://docs.python.org/3/tutorial/venv.html

请注意，"."使虚拟环境不可见。当你在 GUI 中打开主目录或者用 ls -l 列出内容时，此步骤将防止主目录从虚拟环境溢出。

2）在 Bash 或 ZSH 环境中创建一个别名。使用 ZSH，要编辑的配置文件是 ~/.zshrc。在 Bash 中，是 ~/.bashrc。在这个配置文件中添加以下内容：

```
1  ## Hello repo
2  alias hello="cd ~/hello && source ~/.hello/bin/activate"
```

下次打开默认 shell 时，这个别名将可用。下面是这个工作流在我的 ZSH 环境中的一个例子，它使用了一个名为 oh-my-zsh⊖的包。

请注意，使用别名来执行 cd 并激活 hello 虚拟环境。

```
1  % hello
2  (.hello) % hello git:(master)
3  (.hello) % hello git:(master) which python
4  /Users/noahgift/.hello/bin/python
```

如果遵循这种基于约定的工作流，那么将使冗长且容易出错的流程变得容易记住。

配置 Makefile

就像 vim 一样，掌握 Makefile 可能需要数年时间，但一种简单的方法可以直接使用。Makefile 的主要优点是能够强制执行约定。如果你每次都按照一些简单的步骤来处理一个项目，那么就可以减少在构建和测试项目时出错的可能性。

一个典型的 Python 项目可以通过将以下步骤添加到 Makefile 来得到改进：make setup、make install、make test、make lint 和 make all。

下面是一个 Makefile 的例子：

```
1  setup:
2      python3 -m venv ~/.myrepo
3
```

⊖ https://ohmyz.sh/

```
 4  install:
 5      pip install --upgrade pip &&\
 6      pip install -r requirements.txt
 7
 8  test:
 9      python -m pytest -vv --cov=myrepolib tests/*.py
10      python -m pytest --nbval notebook.ipynb
11
12
13  lint:
14      pylint --disable=R,C myrepolib cli web
15
16  all: install lint test
```

这个例子源自一个叫作 myrepo[一] 的教程库。还有一篇关于如何在 CircleCI 里使用它的文章[一]。你可以观看一段关于数据科学构建系统的录屏。

　　视频链接：https://www.youtube.com/watch?v=xYX7n5bZw-w。

　　一般的想法是，约定消除了考虑要做什么的需要。每个项目都有一种安装软件的通用方法、一种测试软件的通用方法，以及一种尝试和检验软件的通用方法。与 vim 一样，Makefile 构建系统通常已经部署在 UNIX 或 Linux 系统上。即使是微软也在 Azure 中使用 Linux 操作系统[三]，因此 Linux 是大多数软件的首选部署目标。

1.3.7　使用 Docker 容器来扩展 Makefile 的使用

　　Makefile 除了简单之外，将其进行扩展来做些其他的事情也很不错。下面是一个 Docker 和 CircleCI 的 Makefile 的例子。

```
 1  setup:
 2      python3 -m venv ~/.container-revolution-devops
 3
 4  install:
 5      pip install --upgrade pip &&\
 6      pip install -r requirements.txt
 7
 8  test:
```

㊀　https://github.com/noahgift/myrepo

㊀　https://circleci.com/blog/increase-reliability-in-data-science-and-machine-learning-projects-with-circleci/

㊂　https://azure.microsoft.com/en-us/overview/linux-on-azure/

```
 9    #python -m pytest -vv --cov=myrepolib tests/*.py
10    #python -m pytest --nbval notebook.ipynb
11
12   validate-circleci:
13    # See https://circleci.com/docs/2.0/local-cli/#processing-a-config
14      circleci config process .circleci/config.yml
15
16   run-circleci-local:
17    # See https://circleci.com/docs/2.0/local-cli/#running-a-job
18      circleci local execute
19
20   lint:
21      hadolint demos/flask-sklearn/Dockerfile
22      pylint --disable=R,C,W1203,W1202 demos/**/**.py
23
24   all: install lint test
```

Dockerfile 检验器被称为 hadolint⊖，用来检查 Dockerfile 中的 bug。CircleCI 构建系统⊖的本地版本允许在与 SaaS 产品相同的环境中进行测试。make install、make lint 和 make test 的简约主义仍然存在，但是 lint 这步为 Dockerfile 和 Python lint 添加了一个强大的组合。

关于安装 hadolint 和 circleci 的注意事项：如果使用的是 OS X，你可以执行 brew install hadolint；如果使用的是其他平台，请按照 hadolint 的使用说明进行操作。要在 OS X 或 Linux 上安装 circleci 的本地版本，可以运行 curl -fLSs https://circle.ci /cli | bash 或参照 CircleCI 构建系统本地版本的官方说明。

1.4 总结

本章涵盖了创建按时、高质量和可维护的软件开发项目背后的理论，还介绍了如何上三种主流云：AWS、Azure 和 GCP。本章总结了一个全面、高级的构建过程，可以作为未来云工作流的一个思路。

⊖ https://github.com/hadolint/hadolint
⊖ https://circleci.com/docs/2.0/local-cli/

1.5　其他相关资源

❑ 使用 GitHub Actions 进行多云测试的 GitHub 项目。

❑ 观看一段关于上多云的方法的讲座。

视频链接：https://www.youtube.com/watch?v=zznvjk0zsVg。

Chapter 2 第 2 章

云计算基础

本章涵盖了云的一些核心构建块，包括服务模型和 IaC（Infrastructure as Code，基础设施即代码）。本章中有很多实际操作的例子，包括 Elastic Beanstalk、谷歌应用引擎和 AWS Lambda。

2.1 为什么应该考虑使用基于云的开发环境

有句话是这样说的："用最好的工具完成工作。"在云上进行开发时，通常最好的工具是原生环境。对于本书中的大多数例子，基于云的开发环境是一种正确的方法。如果使用的是 AWS，这意味着是 AWS Cloud9⊖或 AWS Cloudshell⊜。如果使用的是谷歌，这意味着是 Cloud Shell⊜。Azure 环境也是如此，Azure Cloud Shell®是一个强大的、值得推荐的开发环境。

它们提供像云 SDK 和 Linux 开发工具这样预装的"精选的"管理工具。可以使运行 Linux、OS X 或 Windows 的笔记本电脑或工作站上的工作适合开发，但是每项

⊖ https://aws.amazon.com/cloud9/

⊜ https://aws.amazon.com/cloudshell/

⊜ https://cloud.google.com/shell/

㉔ https://docs.microsoft.com/en-us/azure/cloud-shell/overview

工作都有其独特的挑战。建议你将“原生”云开发工具作为首要选择，而只有高级用户才可以对这些工具进行扩展。

2.2　云计算概述

什么是云计算？简而言之，云计算可以使用“近乎无限”的资源，并利用构建在这些资源上的 SaaS 平台。

可以通过一段录屏了解什么是云计算。

视频链接：https://www.youtube.com/watch?v=KDWkY0srFpg。

2.2.1　云计算的经济效益

云计算的经济效益是什么？有几个关键因素促进了云计算的优势。相对利益（Comparative Advantage）是指公司可以专注于自身的优势，而不是建立低水平的服务。另一个因素是规模经济：对于大型云提供商，它们可以节省成本，并传递给客户。还有一个是“按需付费”的能力，这很像公用事业公司，而不是支付基础设施和硬件的前期成本。

可以通过一段录屏了解什么是云计算经济效益。

视频链接：https://www.youtube.com/watch?v=22mtNlfGEc8。

2.2.2　云服务模型：SaaS、PaaS、IaaS、MaaS、Serverless

云的一个关键特点是其有很多使用方法。

可以通过一段录屏了解云计算服务模型。

视频链接：https://www.youtube.com/watch?v=7lgy7Cnt72c。

请注意，在 *Python for DevOps* 一书中有关于云计算的概述[一]。

1. SaaS

SaaS（软件即服务）是一种托管软件产品。谷歌的一个例子就是 Google Docs[一]或

[一]　https://learning.oreilly.com/library/view/python-for-devops/9781492057680/ch07.html
[一]　https://www.google.com/docs/about/

Office 365[一]。通常，这些软件产品托管在云平台上，并通过订阅模式销售。

2. PaaS

PaaS（平台即服务）是用于开发软件的高级抽象。PaaS 的一个很好的例子是 Heroku[二]。这个过程允许使用 Ruby、Python、PHP 或 Go 等语言的开发人员将精力主要放在应用的业务逻辑上。

一个真实的情景比较是自助洗车和免下车洗车。在免下车洗车服务中，顾客只需要开车通过，不需要自己使用设备来洗车。

3. IaaS

IaaS（基础设施即服务）指提供底层资源的服务：计算、存储和网络。通常，这些服务的使用成本较低，但需要进行更多的设置，并具有更多的专业知识。在亚马逊，这些服务是 EC2（计算）和 S3（存储）。

一个现实世界的比较是，从好市多（Costco）这样的公司购买散装的谷物或豆类，然后用这些食材做一顿饭。这比从餐馆购买一顿丰盛的饭菜要便宜得多，但这需要时间和厨艺才能变成一顿饭。

4. MaaS

MaaS（物理机即服务）是租用实际物理服务器而不是虚拟服务器的能力。这种方法的优势之一是用于训练深度学习模型这样的特殊场景。计算操作可能需要很多数量的可用资源。虚拟化会导致一些开销，消除虚拟化将允许这些专门的操作完全访问"物理机"。

5. Serverless（无服务器）

思考无服务器的一种方式是，"无服务器"是指运行时不考虑服务器。AWS Lambda[三]就是一个很好的例子。使用无服务器的好处有很多。一个好处是能够专注于编写函数而不是管理服务器，另一个好处是能够对云原生资源使用像事件驱动编程这样的新范式。

㊀ https://www.office.com/

㊁ https://www.heroku.com/

㊂ https://aws.amazon.com/lambda/

2.3　PaaS 持续交付

下面是一个使用 PaaS 平台——谷歌应用引擎来持续部署 Flask Web 应用的例子。

2.3.1　谷歌应用引擎和云构建持续交付

本节中的源代码示例参见 https://github.com/noahgift/delivery 和 https://github.com/noahgift/gcp-hello-ml。

看一段关于部署谷歌应用引擎的录屏。

视频链接：https://www.youtube.com/watch?v=_TfWdOvQXwU。

要开始使用持续交付，请执行以下操作。

1）创建一个 GitHub repo。

2）在 GCP UI 中创建一个项目（你的项目名称将会不同），如图 2.1 所示。

❑ 设置 API[○]。

图 2.1　项目 UI

　　[○]　https://cloud.google.com/appengine/docs/standard/python3/quickstart

3）启动 cloud-shell，并将 ssh-keys（如果尚未添加的话）添加到 GitHub：`ssh-keygen -t rsa`。然后将密钥上传到 GitHub 的 ssh 设置中。

4）创建一个初始的项目脚手架。需要以下文件，可以使用以下命令来创建。请注意，你可以从谷歌的 repo⊖中拷贝 `app.yaml`、`main.py`、`main_test.py` 和 `requirements.txt`。

- ❑ `Makefile`：`touch Makefile`。这个脚手架支持一个容易记住的约定。
- ❑ `requirements.txt`：`touch requirements.txt`。这些是我们使用的包。
- ❑ `app.yaml`：`touch app.yaml`。`app.yaml` 是 IaC 的一部分，为谷歌应用引擎配置 PaaS 环境。
- ❑ `main.py`：`touch main.py`。这些文件是 Flask 应用的逻辑。

5）使用 `gcloud` 命令行运行 `describe` 来验证项目是否可以正常工作。

```
1  gcloud projects describe $GOOGLE_CLOUD_PROJECT
```

命令输出：

```
1  createTime: '2019-05-29T21:21:10.187Z'
2  lifecycleState: ACTIVE
3  name: helloml
4  projectId: helloml-xxxxx
5  projectNumber: '881692383648'
```

6）（可选）你可能想要验证是否有了正确的项目，如果没有，请执行此操作来切换：

```
1  gcloud config set project $GOOGLE_CLOUD_PROJECT
```

7）接下来，在云中创建一个应用引擎应用程序。

```
1  gcloud app create
```

此步骤将需要区域（region）。如果你是高级用户，请继续，并选择 `us-central` [12] 或其他区域。

⊖ https://github.com/GoogleCloudPlatform/python-docs-samples/tree/master/appengine/standard_python37/hello_world

```
1  Creating App Engine application in project [helloml-xxx] and region [us-central]....\
2  done.
3  Success! The app is now created. Please use `gcloud app deploy` to deploy your first\
4   app.
```

8）创建并 `source` 虚拟环境。

```
1  virtualenv --python $(which python) venv
2  source venv/bin/activate
```

9）现在，仔细检查是否正确。

```
1  which python
2  /home/noah_gift/python-docs-samples/appengine/standard_python37/hello_world/venv/bin\
3  /python
```

10）启动 Cloud Shell 编辑器（如图 2.2 所示），或者使用终端编辑器，如 `vim`。

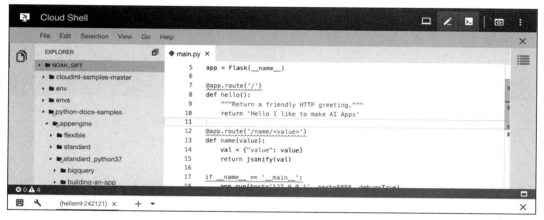

图 2.2　代码编辑器

11）现在安装包。

```
1  make install
```

这一步应该安装 flask 和你创建的其他包。

```
1  Flask==1.x.x
```

12）现在，在本地运行 flask。

此命令在 GCP shell 中本地运行 `flask`。

```
1   python main.py
```

13）现在预览正在运行的应用程序，如图 2.3 所示。

图 2.3　预览

14）现在应用程序正在运行，尝试对 main.py 进行更新。

```
1   from flask import Flask
2   from flask import jsonify
3
4   app = Flask(__name__)
5
6   @app.route('/')
7   def hello():
8       """Return a friendly HTTP greeting."""
9       return 'Hello I like to make AI Apps'
10
11  @app.route('/name/<value>')
12  def name(value):
13      val = {"value": value}
14      return jsonify(val)
15
16  if __name__ == '__main__':
17      app.run(host='127.0.0.1', port=8080, debug=True)
```

15）你可以通过传入参数来测试这个函数：

```
1   @app.route('/name/<value>')
2   def name(value):
3       val = {"value": value}
4       return jsonify(val)
```

例如，调用此 route 将使用单词 lion，并传入 Flask 应用程序的 name 函数。

```
1   https://8080-dot-3104625-dot-devshell.appspot.com/name/lion
```

此步骤在 Web 浏览器中返回值：

```
1   {
2   value: "lion"
3   }
```

16）现在部署应用程序。

```
1   gcloud app deploy
```

警告：第一次部署可能需要大约 10 分钟时间（仅供参考）。你可能还需要启用云构建 API。

```
1   Do you want to continue (Y/n)?  y
2   Beginning deployment of service [default]
3   ...Uploading 934 files to Google Cloud Storage...
```

17）现在查看日志文件。

```
1   gcloud app logs tail -s default
```

18）生产应用程序已部署完毕，输出应该如下所示：

```
1   Setting traffic split for service [default]...done.
2   Deployed service [default] to [https://helloml-xxx.appspot.com]
3   You can stream logs from the command line by running:
4     $ gcloud app logs tail -s default
5
6     $ gcloud app browse
7   (venv) noah_gift@cloudshell:~/python-docs-samples/appengine/standard_python37/hello_\
8   world (helloml-242121)$ gcloud app
9    logs tail -s default
```

```
10  Waiting for new log entries...
11  2019-05-29 22:45:02 default[20190529t150420]    [2019-05-29 22:45:02 +0000] [8] [INFO]\
12   Starting gunicorn 19.9.0
13  2019-05-29 22:45:02 default[20190529t150420]    [2019-05-29 22:45:02 +0000] [8] [INFO]\
14   Listening at: http://0.0.0.0:8081
15   (8)
16  2019-05-29 22:45:02 default[20190529t150420]    [2019-05-29 22:45:02 +0000] [8] [INFO]\
17   Using worker: threads
18  2019-05-29 22:45:02 default[20190529t150420]    [2019-05-29 22:45:02 +0000] [25] [INFO\
19  ] Booting worker with pid: 25
20  2019-05-29 22:45:02 default[20190529t150420]    [2019-05-29 22:45:02 +0000] [27] [INFO\
21  ] Booting worker with pid: 27
22  2019-05-29 22:45:04 default[20190529t150420]    "GET /favicon.ico HTTP/1.1" 404
23  2019-05-29 22:46:25 default[20190529t150420]    "GET /name/usf HTTP/1.1" 200
```

19）添加一个新 route 并进行测试。

```
1  @app.route('/html')
2  def html():
3      """Returns some custom HTML"""
4      return """
5   <title>This is a Hello World World Page</title>
6   <p>Hello</p>
7   <p><b>World</b></p>
8   """
```

20）安装 pandas 并返回 json 结果。此时，你可能想要考虑创建一个 Makefile，执行以下操作：

```
1  touch Makefile
2  #this goes inside that file
3  install:
4       pip install -r requirements.txt
```

你可能还想设置 lint：

```
1  pylint --disable=R,C main.py
2  -----------------------------------
3  Your code has been rated at 10.00/10
```

route 如下所示，在顶部添加 pandas 的导入。

```
1  import pandas as pd
```

```
1  @app.route('/pandas')
```

```
2  def pandas_sugar():
3      df = pd.read_csv("https://raw.githubusercontent.com/noahgift/sugar/master/data/e\
4  ducation_sugar_cdc_2003.csv")
5      return jsonify(df.to_dict())
```

当调用 route `https://<yourapp>.appspot.com/pandas` 时，你应该得到如图 2.4 所示的输出。

图 2.4　示例输出

云构建持续部署

最后，设置云构建持续部署，你可以按照下面的指南[一]进行操作。

❏ 创建 `cloudbuild.yaml` 文件。

❏ 添加到 repo，并推送 `git add cloudbuild.yaml`、`git commit -m "add cloudbuild config"` 和 `git push origin master`。

[一] https://cloud.google.com/source-repositories/docs/quickstart-triggering-builds-with-source-repositories

❑ 创建一个构建触发器。

❑ 推送一个简单的修改。

❑ 在"构建触发器"页面[⊖]中查看进度。

参考资料

这些是额外的参考资料，对 GAE 持续交付有帮助。

❑ 在 GitHub 上启用触发器[⊜]。

❑ GAE Quickstart[⊜]。

❑ 云构建持续部署[⊛]。

❑ 云构建 GCP Hello ML[⊛]。

2.3.2 建立多种类型的网站

由于云计算服务选项的广度，因此有很多方法来构建网站，包括静态的、无服务器的、虚拟化的和 PaaS 的。让我们来看几个不同的例子。

下面的录屏是构建三个网站（AWS Static S3、AWS Lambda in Python 和 EC2 Spot-Instance）的每一步的演示。

视频链接：https://www.youtube.com/watch?v=acmuuHhrmSs。

1. AWS S3 网站说明

要在 AWS S3 上构建一个非常简单的静态托管网站，你可以按照 S3 托管说明[⊛]进行操作。静态网站的一般概念是在浏览之前生成 HTML 资产。然后这些资产进入内容交付网络（Content Delivery Network），其将资产分发到世界各地的边缘位置。这种技术是一种优化设计，可以获得最快的网页浏览速度。

下面的录屏介绍了如何在 AWS 上构建一个简单的静态 S3 网站。

⊖ https://console.cloud.google.com/cloud-build/triggers

⊜ https://cloud.google.com/cloud-build/docs/create-github-app-triggers

⊜ https://cloud.google.com/appengine/docs/standard/python3/quickstart

⊛ https://cloud.google.com/source-repositories/docs/quickstart-triggering-builds-with-source-repositories

⊛ https://github.com/noahgift/gcp-hello-ml

⊛ https://docs.aws.amazon.com/AmazonS3/latest/dev/WebsiteHosting.html

视频链接：https://www.youtube.com/watch?v=zFO-rcYY3B4。

2. AWS Lambda 网站说明

AWS Lambda 可能是构建快速提供 HTML 的网站的最直接的方法。要完成此项工作，请按照以下说明进行操作。

1）使用 AWS Cloud9，右击以创建一个新的 Lambda 函数。

2）将下面的代码粘贴到编辑器中。下面的例子演示了构建返回 HTML 的 Lambda 函数所要的 Python 代码。

```
1   def lambda_handler(event, context):
2       content = """
3       <html>
4       <p> Hello website Lambda </p>
5       </html>
6       """
7       response = {
8           "statusCode": 200,
9           "body": content,
10          "headers": {"Content-Type": "text/html",},
11      }
12      return response
```

3）右击以部署 Lambda 函数。

4）登录 AWS 控制台，单击 AWS Lambda 中的 API 网关图标。验证它是否返回"Hello website Lambda"。

你也可以按照下面录屏中"构建一个简单的 AWS Lambda 网站"的步骤来操作。

视频链接：https://www.youtube.com/watch?v=lrr6h7YIcI8。

3. AWS EC2 网站说明

构建网站的一种较旧但仍然有效的方法是启动一台虚拟机，在上面安装一个 Web 服务器，然后通过 PHP、Python 或 Ruby 等语言来提供流量服务。这需要进行 Linux、Apache、MySQL、PHP（LAMP）的配置。

可以遵循关于设置 LAMP 网站的教程[○]，按照下面的录屏"构建一个简单的 AWS

○ https://docs.aws.amazon.com/AWSEC2/latest/UserGuide/ec2-lamp-amazon-linux-2.html

EC2 网站"中所展示的简单易懂的指南来操作。

视频链接: https://www.youtube.com/watch?v=xrG6UyhZE9Q。

4. AWS Elastic Beanstalk 网站说明

AWS Elastic Beanstalk 是 AWS 平台上用于 Flask 的 PaaS 目标的一个绝佳选择。你可以参考 GitHub 项目⊖来获得构建此演示的示例代码。

主要步骤如下。

1) 安装 eb 工具⊜。

2) 创建一个 Flask 应用, 如下所示。

```
1   from flask import Flask
2   from flask import jsonify
3   app = Flask(__name__)
4
5   @app.route('/')
6   def hello():
7       """Return a friendly HTTP greeting."""
8       print("I am inside hello world")
9       return 'Hello World! CD'
10
11  @app.route('/echo/<name>')
12  def echo(name):
13      print(f"This was placed in the url: new-{name}")
14      val = {"new-name": name}
15      return jsonify(val)
16
17
18  if __name__ == '__main__':
19      # Setting debug to True enables debug output. This line should be
20      # removed before deploying a production app.
21      application.debug = True
22      application.run()
```

3) 使用 eb deploy 命令⊜。

下面的录屏介绍了如何构建一个简单的 Flask AWS Elastic Beanstalk 网站。

⊖ https://github.com/noahgift/Flask-Elastic-Beanstalk
⊜ Installebtool: https://docs.aws.amazon.com/elasticbeanstalk/latest/dg/eb-cli3-install.html
⊜ https://docs.aws.amazon.com/elasticbeanstalk/latest/dg/eb3-deploy.html

视频链接：https://www.youtube.com/watch?v=51lmjwXvVw8。

2.3.3 练习：创建四个网站

主题：创建四种不同类型的网站。

预计时间：30 分钟以上。

Slack 频道：#noisy-exercise-chatter。

人员：个人或最终项目团队。

方向：

☐ A 部分：创建 S3 静态托管网站。

☐ B 部分：创建 AWS Lambda 网站。

☐ C 部分：（如果时间允许的话）创建基于 EC2 的网站。

2.4 基础设施即代码

将基础设施视为代码的最佳方式是在字面意义上。管理基础设施的配置语言由来已久。当我 2000 年在加州理工学院工作时，我使用的工具有 radmind⊖和 CFEngine⊜。

新一代工具包括 Terraform⊜和 Pulumi⑭。一般的概念是应用软件和部署环境从自动化中受益。人类会犯错，但自动化是永恒的。

通过下面的录屏了解什么是基础设施即代码（IaC）。

视频链接：https://www.youtube.com/watch?v=rfZWRpN6Da4。

通过下面的录屏了解真实世界中的 IaC 是什么。

视频链接：https://www.youtube.com/watch?v=nrCYVyBuOIw。

下面的录屏演示了如何用 Terraform 启动 VM。

视频链接：https:https://www.youtube.com/watch?v=mh4qf0MS0F4。

⊖ http：//www.radmind.org
⊜ https://en.wikipedia.org/wiki/CFEngine
⊜ https://www.ansible.com
⑭ https://www.pulumi.com

2.5　什么是持续交付和持续部署

让我们以第 1 章中关于持续交付的知识为基础。它是一种利用多种强大工具的技术——持续集成、IaC 和云计算。持续交付允许将云基础设施定义为代码，并允许对代码和新环境进行近乎实时的修改。

2.6　从零开始持续交付 Hugo 静态站点

Hugo[⊖]是一个流行的静态站点生成器。本教程将指导你使用 AWS Cloud9[⊜]来创建一个 Hugo 网站，并使用云开发环境对其进行开发。最后一步将是使用 AWS Code Pipeline[⊜]设置一个持续集成管道。

注意，这些步骤对于其他云环境或 OS X 笔记本电脑来说也是类似的，但本教程针对的是 AWS Cloud9。

下面的录屏 "AWS Hugo 持续交付" 中展示了接下来要描述的步骤。

视频链接：https://www.youtube.com/watch?v=xiodvLdPnvI。

第 1 步：启动一个 AWS Cloud9 环境。

使用 AWS Free Tier 和默认的 Cloud9 环境。

第 2 步：下载 hugo 二进制文件并将其放到 Cloud9 路径中。

前往 hugo 的最新版本：https://github.com/gohugoio/hugo/releases。使用 wget 命令下载最新版本。如下所示：

```
1  wget https://github.com/gohugoio/hugo/releases/download/v0.79.1/hugo_0.79.1_Linux-64\
2  bit.tar.gz
```

注意，不要盲目地剪切和粘贴上面的代码！确保你得到了最新版本，如果不是在 Cloud9 上，请使用适当的版本。

⊖　https://gohugo.io/
⊜　https://aws.amazon.com/cloud9/
⊜　https://aws.amazon.com/codepipeline/

现在使用这些命令把这个文件放到 ~/.bin 目录下（再次确保你把 hugo 的版本放在这里，即 hugo_0.99.x_Linux-32bit.tar.gz）：

```
1  tar xzvf hugo_<VERSION>.tar.gz
2  mkdir -p ~/bin
3  mv ~/environment/hugo . #assuming that you download this into ~/environment
4  which hugo               #this shows the `path` to hugo
```

which hugo 的输出应该是这样的：

```
1  ec2-user:~/environment $ which hugo
2  ~/bin/hugo
```

最后，检查下版本标识是否符合基本的完整性检查。下面是我的 Cloud9 机器上的输出（你的版本号可能会有所不同）：

```
1  ec2-user:~/environment $ hugo version
2  Hugo Static Site Generator v0.79.1-EDB9248D linux/386 BuildDate: 2020-12-19T15:41:12Z
```

这些步骤可以让你访问 hugo，并且可以像其他任何命令行工具一样运行它。如果你不能或受阻，请参考稍后的录屏，并查看快速入门指南[○]。

第 3 步：在本地创建一个 hugo 网站，并在 Cloud9 中进行测试。

hugo 的一个优点是它只是一个 go 二进制文件。这使得开发和部署 hugo 站点都变得很简单。以下部分摘自官方的 hugo 快速入门指南[◎]。

1）在 GitHub 中创建一个新的 repo，并将它克隆到你的环境中。使用"cd"命令进入该位置。添加一个 .gitignore 文件，其中包含单词 public。此步骤将阻止 public 目录导入 repo 中。

2）使用如下命令创建一个新的站点：hugo new site quickstart。

3）添加一个主题（你可以替换成任何你想要的主题[◎]）。

```
1  cd quickstart
2  git submodule add https://github.com/budparr/gohugo-theme-ananke.git themes/ananke
3  echo 'theme = "ananke"' >> config.toml
```

○ https://gohugo.io/getting-started/installing#step-2-download-the-tarball
◎ https://gohugo.io/getting-started/quick-start/
◉ https://themes.gohugo.io/

第 4 步：创建一个帖子。

要创建新的博客帖子，请输入以下命令。

```
1  hugo new posts/my-first-post.md
```

这个帖子很容易在 AWS Cloud9 中进行编辑，如下图 2.5 所示。

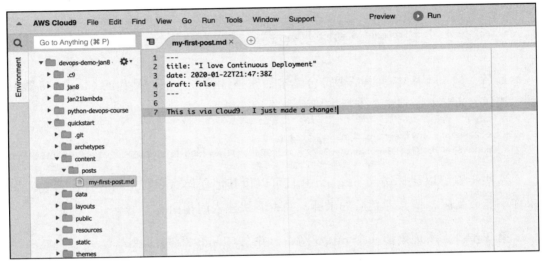

图 2.5　使用 AWS Cloud9 编辑 Hugo 帖子

第 5 步：在 Cloud9 中本地运行 hugo。

到目前为止，事情都比较简单。在本节中，我们将把 hugo 作为开发服务器来运行。这一步需要我们在 EC2 安全组上开放一个端口。要完成这一步，请执行以下操作。

1）在 AWS 控制台打开一个新选项卡，输入 EC2，向下滚动到安全组，查找与你的 AWS Cloud9 环境同名的安全组，如图 2.6 所示。

2）打开新的 TCP 规则端口 8080，以及 edit 按钮。这一步将允许我们浏览 8080 端口来进行预览，就像我们在 AWS Cloud9 上进行本地开发一样。

3）回到 AWS Cloud9，并运行以下命令来找出 IP 地址（我们在运行 hugo 时将使用这个 IP 地址）。注意，你也可以从 EC2 的 AWS 控制台找到你的 IP 地址。

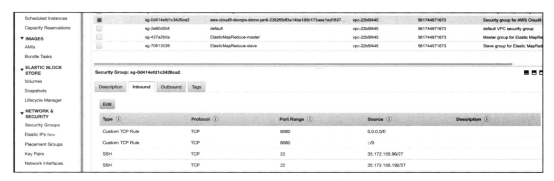

图 2.6　AWS Cloud9 环境

你应该能看到类似如下的输出（IP 地址可能不同）。

```
ec2-user:43/environment $ curl ipinfo.io
{
"ip": "34.200.232.37",
"hostname": "ec2-34-200-232-37.compute-1.amazonaws.com",
"city": "Virginia Bea;",
"region": "Virginia",
"country": "US",
"loc": "36.8512,-76.1692",
"org": "AS14618 Amazon.com, Inc.",
"postal": "23465",
"timezone": "America/New_York",
"readme": "h<ps://ipinfo.io/missingauth"
```

4）使用以下选项运行 hugo，你需要将此 IP 地址与之前生成的 IP 地址进行交换。注意，baseURL 是必不可少的，这样你才能测试导航。

```
1   hugo serve --bind=0.0.0.0 --port=8080 --baseURL=http://34.200.232.37/
```

如果成功了，你应该得到类似图 2.7 中的输出。

5）在浏览器中打开一个新选项卡，并在输出的 URL 中输入粘贴的内容。我的是 http://34.200.232.37:8080/（如图 2.8 所示），但你的会有所不同。

如果编辑 markdown 文件，它将实时呈现更改。此步骤允许一个交互式的开发工作流。

第 6 步：创建静态托管的 Amazon S3 网站并部署到 bucket（桶）中。

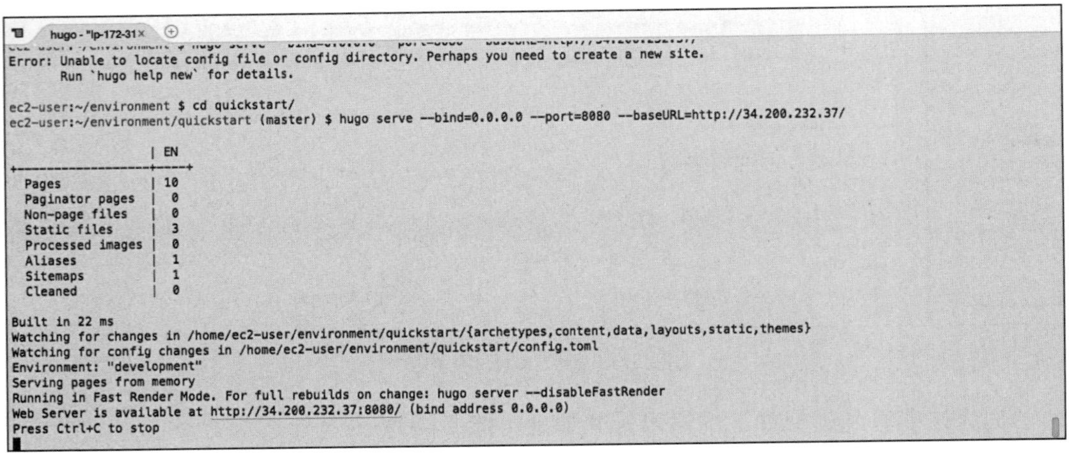

图 2.7　本地 hugo

图 2.8　hugo 网站

接下来要做的是将这个网站目录部署到一个 AWS S3 bucket 中。你可以按照这里的说明创建 s3 bucket，并将其设置为宿主⊖。

⊖　https://docs.aws.amazon.com/AmazonS3/latest/user-guide/static-website-hosting.html

此步骤还意味着通过 bucket 策略编辑器设置一个 bucket 策略，如下所示。你的 bucket 名字不会是 `cloud9-hugo-duke`，因此必须进行更改。

```
 1  {
 2      "Version": "2012-10-17",
 3      "Statement": [
 4          {
 5              "Sid": "PublicReadGetObject",
 6              "Effect": "Allow",
 7              "Principal": "*",
 8              "Action": [
 9                  "s3:GetObject"
10              ],
11              "Resource": [
12                  "arn:aws:s3:::cloud9-hugo-duke/*"
13              ]
14          }
15      ]
16  }
```

bucket 策略编辑器工作流如图 2.9 所示。

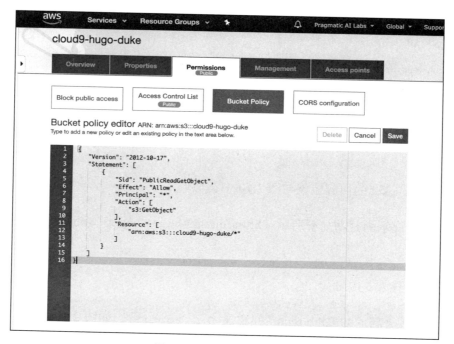

图 2.9 bucket 策略编辑器

第 7 步：在完全自动化之前先手动部署网站。

对于自动化，在完全自动化之前，手动写下工作流的步骤是很重要的。有以下项目需要确认：

1）需要编辑 `config.toml`，如下所示。请注意，你的 s3 bucket 的 URL 会有所不同。

```
1  baseURL = "http://cloud9-hugo-duke.s3-website-us-east-1.amazonaws.com"
2  languageCode = "en-us"
3  title = "My New Hugo Sit via AWS Cloud9"
4  theme = "ananke"
5
6  [[deployment.targets]]
7  # An arbitrary name for this target.
8  name = "awsbucket"
9  URL = "s3://cloud9-hugo-duke/?region=us-east-1" #your bucket here
```

2）现在，你可以使用内置的 `hugo deploy` 命令进行部署了。运行 `hugo deploy` 后，部署命令的输出应该如下所示。你可以在官方文档⊖中阅读更多关于 `deploy` 命令的信息。

```
1  ec2-user:~/environment/quickstart (master) $ hugo deploy          \
2
3  Deploying to target "awsbucket" (s3://cloud9-hugo-duke/?region=us-east-1)    \
4
5  Identified 15 file(s) to upload, totaling 393 kB, and 0 file(s) to delete.   \
6
7  Success!
```

AWS S3 bucket 的内容应该与图 2.10 中类似。

本教程所演示的网站如下所示：http://cloud9-hugo-duke.s3-website-us-east-1.amazonaws.com/。

第 8 步：导入 GitHub。

1）创建一个新的 GitHub repo（并添加 `.gitignore`），如图 2.11 所示。

⊖ https://gohugo.io/hosting-and-deployment/hugo-deploy/

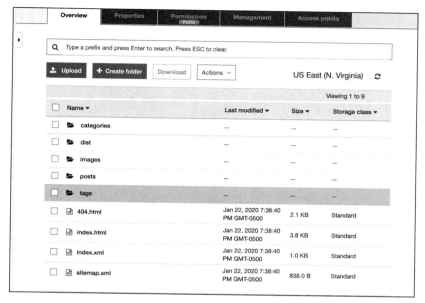

图 2.10　bucket 内容

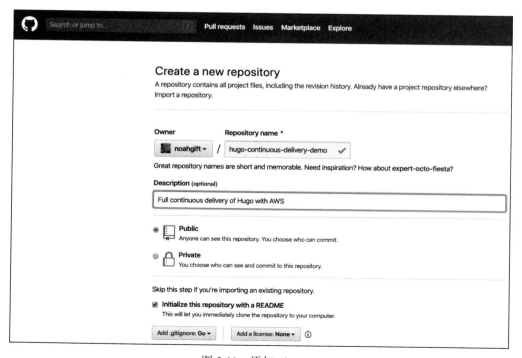

图 2.11　添加 git repo

注意，要仔细检查你添加了 .gitignore[⊖]，并把 public 添加到 .gitignore。

2）在 AWS Cloud9 的 quickstart 目录中，使用 clean 命令创建 Makefile（如图 2.12 所示）。这将对 hugo 创建的公共 HTML 目录执行 rm -rf。你不希望将其导入源代码管理中去。

```
1  clean:
2          echo "deleting generated HTML"
3          rm -rf public
```

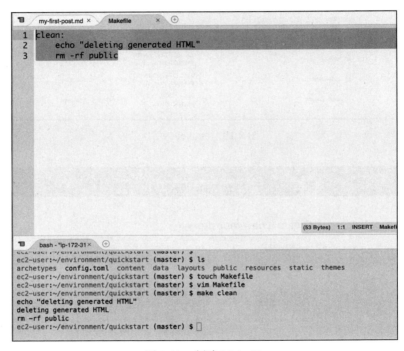

图 2.12　创建 Makefile

3）现在运行 make clean 来删除 public 目录以及 hugo 生成的所有源代码（不用担心，只要运行 hugo，它就会重新生成 HTML）。

4）添加源代码并推送到 GitHub。

通常情况下，在提交之前，我会先了解一下情况。我通过运行 git status 来

⊖ https://github.com/noahgift/hugo-continuous-delivery-demo/blob/master/.gitignore

实现这一点。下面是下一节的输出。你可以看到，我需要 `Makefile archetypes`
`config.toml` 和 `content/`。

```
1   ec2-user:~/environment/quickstart (master) $ git status
2   On branch master
3
4   No commits yet
5
6   Changes to be committed:
7     (use "git rm --cached <file>..." to unstage)
8
9          new file:   .gitmodules
10         new file:   themes/ananke
11
12  Untracked files:
13    (use "git add <file>..." to include in what will be committed)
14
15         Makefile
16         archetypes/
17         config.toml
18         content/
```

我通过输入命令 `git add *` 来添加它们。你可以在下面看到，这将添加所有这
些文件和目录：

```
1   ec2-user:~/environment/quickstart (master) $ git add *
2   ec2-user:~/environment/quickstart (master) $ git status
3   On branch master
4
5   No commits yet
6
7   Changes to be committed:
8     (use "git rm --cached <file>..." to unstage)
9
10         new file:   .gitmodules
11         new file:   Makefile
12         new file:   archetypes/default.md
13         new file:   config.toml
14         new file:   content/posts/my-first-post.md
15         new file:   themes/ananke
```

现在，通过执行以下命令来推送这些文件。

```
1   git push
```

你可以看到类似图 2.13 中的样子。

```
ec2-user:~/environment/quickstart (master) $ git branch --set-upstream-to=origin/master
Branch master set up to track remote branch master from origin.
ec2-user:~/environment/quickstart (master) $ git pull --allow-unrelated-histories
Merge made by the 'recursive' strategy.
 .gitignore | 18 ++++++++++++++++++
 README.md  |  2 ++
 2 files changed, 20 insertions(+)
 create mode 100644 .gitignore
 create mode 100644 README.md
ec2-user:~/environment/quickstart (master) $ git push
Counting objects: 13, done.
Delta compression using up to 2 threads.
Compressing objects: 100% (9/9), done.
Writing objects: 100% (13/13), 1.42 KiB | 1.42 MiB/s, done.
Total 13 (delta 1), reused 0 (delta 0)
remote: Resolving deltas: 100% (1/1), done.
To github.com:noahgift/hugo-continuous-delivery-demo.git
   85e2e0a..7122c97  master -> master
ec2-user:~/environment/quickstart (master) $
```

图 2.13　git push hugo

GitHub repo 现在看起来类似于图 2.14。

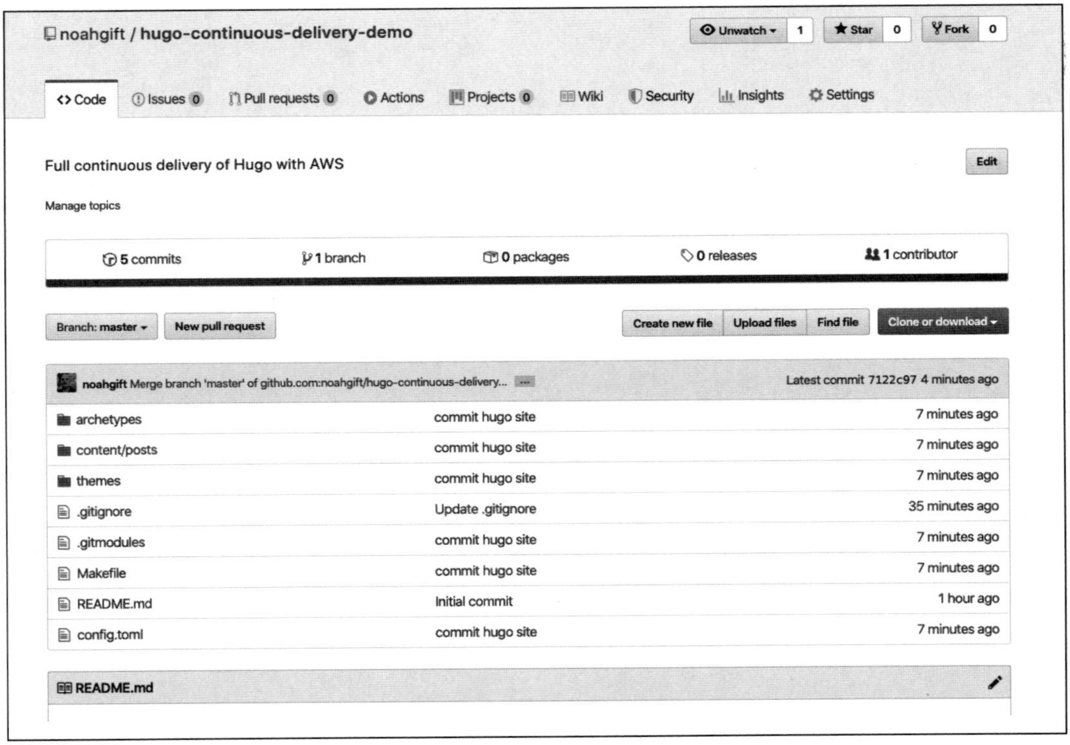

图 2.14　GitHub repo

注意：在边缘情况下使用 git 是非常具有挑战性的。如果这个工作流不工作，你也可以从头开始，克隆你的 GitHub repo，并手动把 hugo 添加到其中。

（可选步骤：如果想验证你的 hugo 站点，请将此项目导出到你的笔记本电脑上或一个 AWS Cloud9 实例上，然后运行 hugo。）

第 9 步：使用 AWS CodeBuild 进行持续交付。

现在到了最后一部分了。让我们使用 AWS CodeBuild 持续设置交付。这一步将对推送到 GitHub 的更改进行自动部署。

1）前往 AWS CodeBuild⊖，并创建一个新项目。它类似于图 2.15。

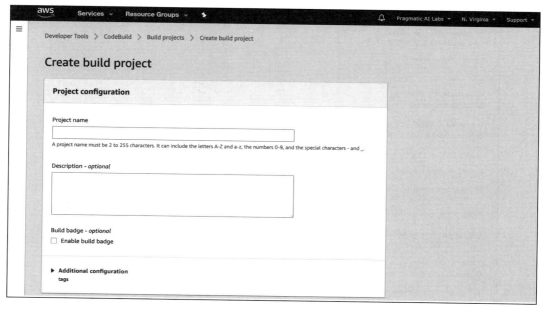

图 2.15　代码构建

注意：请在创建 bucket 的同一区域创建一个构建。

2）源代码部分应该与图 2.16 类似。注意 webhook。这一步将对更改进行持续交付。

⊖　https://aws.amazon.com/codebuild/

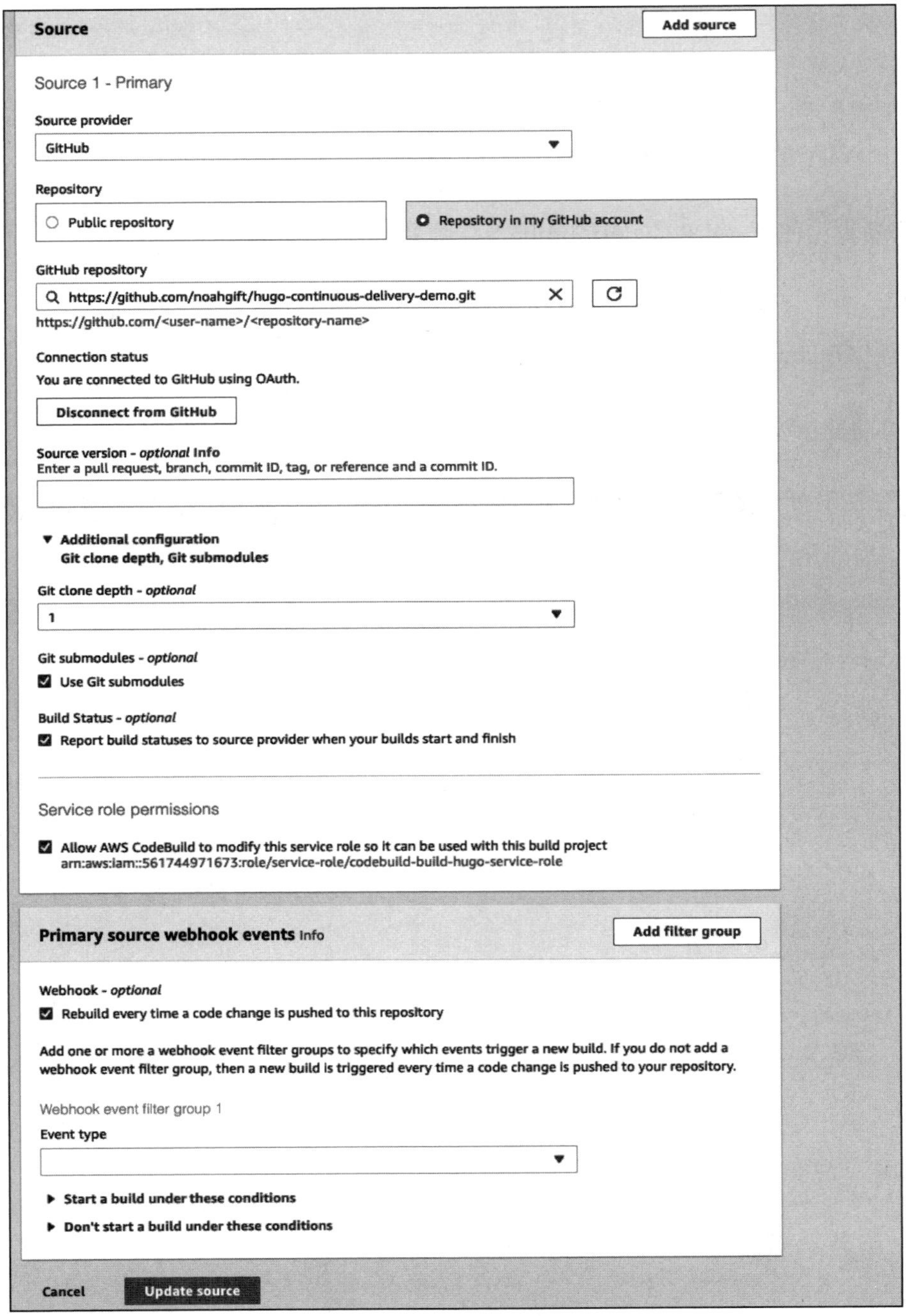
Source
Add source
Source 1 - Primary
Source provider
GitHub
Repository
Public repository
Repository in my GitHub account
GitHub repository
https://github.com/noahgift/hugo-continuous-delivery-demo.git
https://github.com/<user-name>/<repository-name>
Connection status
You are connected to GitHub using OAuth.
Disconnect from GitHub
Source version - optional Info
Enter a pull request, branch, commit ID, tag, or reference and a commit ID.
Additional configuration
Git clone depth, Git submodules
Git clone depth - optional
1
Git submodules - optional
Use Git submodules
Build Status - optional
Report build statuses to source provider when your builds start and finish
Service role permissions
Allow AWS CodeBuild to modify this service role so it can be used with this build project
arn:aws:iam::561744971673:role/service-role/codebuild-build-hugo-service-role
Primary source webhook events Info
Add filter group
Webhook - optional
Rebuild every time a code change is pushed to this repository
Add one or more a webhook event filter groups to specify which events trigger a new build. If you do not add a webhook event filter group, then a new build is triggered every time a code change is pushed to your repository.
Webhook event filter group 1
Event type
Start a build under these conditions
Don't start a build under these conditions
Cancel
Update source

图 2.16 源代码部分

3）AWS CodeBuild 环境应该与此类似。单击"create build"按钮，如图 2.17 所示。

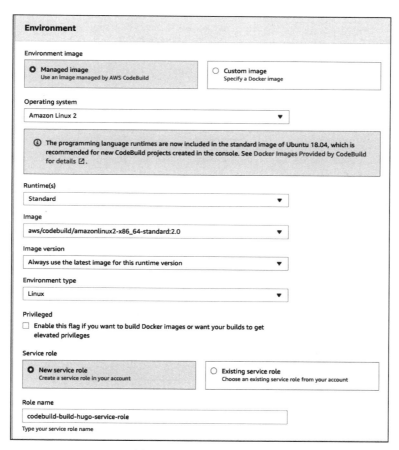

图 2.17　CodeBuild 环境

4）创建构建之后，转到"Build details"（构建详细信息）部分，并选择服务角色（service role）。将在这里设置部署到 S3 的特权，如图 2.18 所示。

你将添加一个 admin 策略，如图 2.19 所示：

现在，在 AWS Cloud9 中，返回并创建最后一步。

下面是一个 buildspec.yml 文件，你可以粘贴它。通过输入 touch buildspec.yml，你可以使用 AWS Cloud9 来创建文件，然后进行编辑。

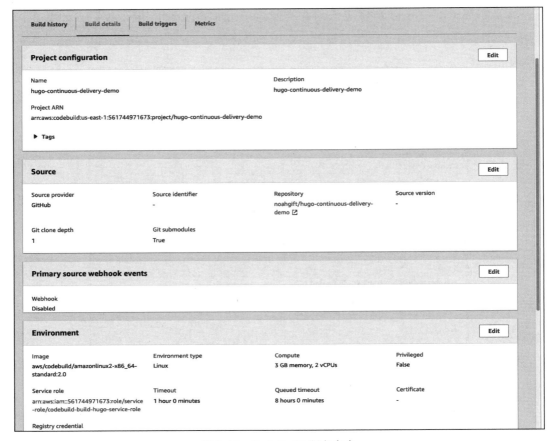

图 2.18　CodeBuild 服务角色

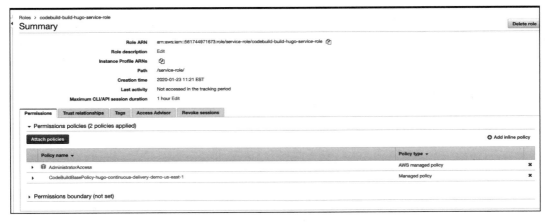

图 2.19　admin 策略

注意：如果 hugo deploy 不能正常工作，那么类似 aws s3 sync public/
s3://hugo-duke-jan23/ --region us-east-1 --delete 会是一种有效且明
确的部署方法。

```
1   version: 0.2
2
3   environment_variables:
4     plaintext:
5       HUGO_VERSION: "0.79.1"
6
7   phases:
8     install:
9       runtime-versions:
10        docker: 18
11      commands:
12        - cd /tmp
13        - wget https://github.com/gohugoio/hugo/releases/download/v${HUGO_VERSION}/hug\
14  o_${HUGO_VERSION}_Linux-64bit.tar.gz
15        - tar -xzf hugo_${HUGO_VERSION}_Linux-64bit.tar.gz
16        - mv hugo /usr/bin/hugo
17        - cd -
18        - rm -rf /tmp/*
19    build:
20      commands:
21        - rm -rf public
22        - hugo
23        - aws s3 sync public/ s3://hugo-duke-jan23/ --region us-east-1 --delete
24    post_build:
25      commands:
26        - echo Build completed on `date`
```

现在将这个文件导入 git 并推送：

```
1   git add buildspec.yml
2   git commit -m "adding final build step."
3   git push
```

看起来类似于图 2.20。

现在，每当你对内容目录进行更改时，它都会"自动构建"，如图 2.21 所示。

当你创建新帖子时，它就会自动部署，如图 2.22 所示。

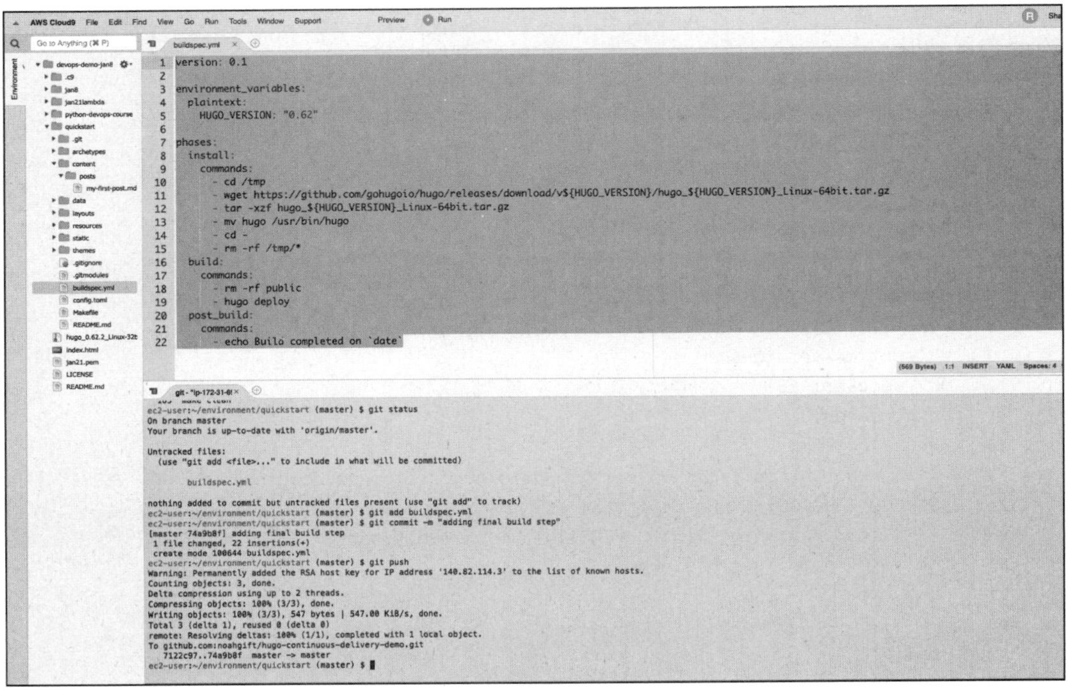

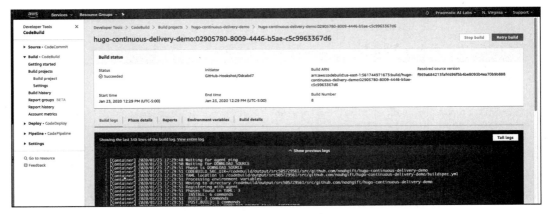

图 2.20   buildspec 推送

图 2.21   自动构建

图 2.22　自动部署

Hugo AWS 持续交付结论

持续交付是一项需要掌握的强大技术。在这种情况下，为数据科学家建立一个投资组合网站或为像纽约时报或华尔街日报这样的机构建立一个新网站可能会很有用。

❑ Hugo AWS 存储库示例参见 https://github.com/noahgift/hugo-duke-jan23。

后期设置（可选的高级配置和注释）

以下是关于如何为 Hugo 执行更高级的设置操作的附加说明。

为 CloudFront 设置 SSL

转到 AWS Certificate Manager（证书管理器），并单击"Request a certificate"（请求证书）按钮。

首先，我们需要添加域名，在本例中为 example.com。在输入域名 *.example.com 后，单击"Add another name to this certificate"（为此证书添加另一个名称）按钮，并添加裸域（bare domain）example.com。下一步，选择"DNS validation"（DNS 验证）选项，并单击"Review"（审核）中的"Confirm and request"（确认和请

求）按钮。

要使用 DNS validation，你需要将 CNAME 记录添加到域的 DNS 配置中。将在 ACM 上创建的 CNAME 记录添加到 Route 53 上的域的 DNS 配置中。

CloudFront 配置

在 CloudFront 部分创建一个 Web 分发。在 "Origin Domain Name"（源域名）字段中，选择 bucket 的 "Endpoint"（端点）。从 "Viewer Protocol Policy"（查看器协议策略）中选择 "Redirect HTTP to HTTPS"（将 HTTP 重定向为 HTTPS）。在 "Alternate Domain Name"（备用域名）字段中添加你的域名，并选择你在 ACM 中创建的 SSL 证书。在 "Default Root Object"（默认的根对象）中输入 index.html。一旦完成，请继续并完成分发。

将 Route53 与 CloudFront 分发进行集成

从 CloudFront 分发复制域名，并在 Route53 中编辑 A 记录。在 "Alias Target"（别名目标）中选择 "Alias"（别名），输入你的 CloudFront 域 URL，即 *.cloudfront.net。单击 "Save Record Set"（保存记录集）。现在你已经创建了一个 A 记录。域名 example.com 将路由到你的 CloudFront 分发。

我们需要创建一个 CNAME 记录来将其他子域（如 www.example.com）映射到已创建的 A 记录。

单击 "Create Record Set"（创建记录集），在 "name"（名称）文本框中输入 *。从 "Type"（类型）中选择 "CNAME"。在 "value"（值）中输入 A 记录，在本例中是 example.com。单击 "Save Record Set"（保存记录集）。现在 www.example.com 也将转发到 example.com，而 example.com 又将转发到 CloudFront 分发。

使用 AWS CodeBuild 自动构建 Hugo 站点

我们首先需要的是一套构建 Hugo 站点的说明。因为构建服务器在每次启动推送事件时都会开始清理，所以这一步包括下载 Hugo 以及所有需要的依赖项。CodeBuild 用于指定构建指令的选项之一是 buildspec.yaml 文件。

转到 CodeBuild 控制台，并使用与此类似或满足项目要求的设置来创建一个新项目：

❑ **项目名称**：`somename-hugo-build-deploy`。

❑ **源代码提供者**：GitHub。

❑ **存储库**：使用账户中的一个存储库。

❑ **选择一个存储库**：选择 GitHub 的存储库。

❑ 每当修改的代码被推送到此存储库时，单击 **Webhook** 复选框以重新构建项目。

❑ **环境映像**：使用由 AWS CodeBuild 管理的映像。

❑ **操作系统**：Ubuntu。

❑ **运行时**：Base。

❑ **运行时版本**：选择一个运行时环境版本。

❑ **构建规范名称**：`buildspec.yml`。

❑ **工件（artifact）类型**：无工件。

❑ **缓存**：无缓存。

❑ **服务角色**：在你的账户中创建一个服务角色。

创建 IAM 角色

为了构建一个项目，将其部署到 S3 并启用 CloudFront Invalidation，我们需要创建一个单独的 IAM 角色。添加 IAM 角色，并附加 CloudFrontFullAccess 和 Amazon-S3FullAccess 策略。之后，再次单击"Add permissions"（添加权限）按钮，选择"Attach existing policies directly"（直接附加现有策略），然后单击"Create policy"（创建策略）按钮。选择"JSON"，并粘贴以下用户策略：

```json
1  {
2      "Version": "2012-10-17",
3      "Statement": [
4          {
5              "Sid": "VisualEditor0",
6              "Effect": "Allow",
7              "Action": "cloudfront:CreateInvalidation",
8              "Resource": "*"
9          },
10         {
11             "Sid": "VisualEditor1",
12             "Effect": "Allow",
13             "Action": [
14                 "s3:PutObject",
```

```
15              "s3:ListBucket",
16              "s3:DeleteObject",
17              "s3:PutObjectAcl"
18          ],
19          "Resource": [
20              "arn:aws:s3:::s3-<bucket-name>",
21              "arn:aws:s3:::s3-<bucket-name>/*"
22          ]
23      },
24      {
25          "Sid": "VisualEditor2",
26          "Effect": "Allow",
27          "Action": "s3:*",
28          "Resource": [
29              "arn:aws:s3:::s3-<bucket-name>",
30              "arn:aws:s3:::s3-<bucket-name>/*"
31          ]
32      }
33  ]
34 }
```

案例研究：Hug 持续部署

接下来你应该改进哪些合乎逻辑的步骤？

❏ 设置构建服务器，使其具有更细颗粒度的安全策略。
❏ 通过 AWS（免费）创建 SSL 证书。
❏ 将你的内容发布到 AWS Cloudfront CDN。
❏ 加强 `Makefile` 以使用你在构建服务器中也使用过的 `deploy` 命令，而不是冗长的 `aws sync` 命令。
❏ 尝试从许多地方进行"部署"：笔记本电脑、直接编辑 GitHub 页面、不同的云。
❏ 你能使用内置的 `hugo` 部署命令⊖来简化此设置吗？

选取部分或全部案例研究项目并完成。

2.7 总结

本章涵盖了云计算的基本主题，包括云计算的经济效益、什么是云计算、云计算服务模型，以及构建云计算应用和服务的几种实践方法。

⊖ https://gohugo.io/hosting-and-deployment/hugo-deploy/

虚拟化、容器化和弹性化

云计算中的一个关键概念是使用抽象来解决问题的能力。本章将探讨如何使用可伸缩的弹性资源来满足对它们的需求，并介绍什么是虚拟化和容器。

3.1　弹性资源

云的好处之一是能够使用弹性功能，即计算和存储。其中一种资源是 AWS 上的弹性文件系统（Elastic File System，EFS）。它可以很好地与其他像 Spot 实例这样的临时资源一起工作。特别地，它可以使用一种文件系统，该文件系统是由一个机器集群挂载的，并且可以增长以满足 I/O 需求。

另一个弹性资源是虚拟机。它们可以方便地扩展 Web 服务、尝试原型，或竞标备用容量，就像 AWS Spot 实例一样。

我们可以通过下面的录屏了解 AWS Spot 实例是如何工作的。

视频链接：https://www.youtube.com/watch?v=-1IMtT4idB0。

通过下面的录屏了解如何启动 AWS Spot 实例。

视频链接：https://www.youtube.com/watch?v=H24h3DoOZtE。

通过下面的录屏了解如何启动 GCP 虚拟机。

视频链接：https://www.youtube.com/watch?v=OWR-d5utNmI。

通过下面的录屏了解如何启动 Azure 计算集群。

视频链接：https://www.youtube.com/watch?v=TwpP90LX3IU。

使用 EFS 构建持续交付（NFSOPS）

一个新兴的概念是"使用弹性文件系统作为持续交付机制的能力"。我将这种方法称为 NFSOPS（Network File System Operation，网络文件系统操作），如图 3.1 所示。这种方法已经在电影界经受了几十年的考验。有了云，这些能力就成了主流。

图 3.1 NFSOPS

要测试你自己的 NFSOPS 工作流，请执行以下步骤。

❏ 使用 Amazon Linux AMI 启动一个 Amazon Linux 实例。
❏ 使用 AWS Cloud9 登录你的 Amazon Linux 实例。
❏ 使用 sudo su - 命令成为根权限用户。
❏ 更新你的存储库。

```
yum update
```

❏ 安装正确的 Java 版本，例如使用以下方法。

```
1  [ec2-user ~]$ sudo yum remove java-1.7.0-openjdk
2  [ec2-user ~]$ sudo yum install java-1.8.0
```

❑ 让 Jenkins 在 Python 虚拟环境中运行。这样做是为了允许 Jenkins 服务器在原型化安装时测试 Python 代码⊖。

❑ 设置部署到 EFS 挂载点的构建服务器。

最后，设置 Jenkins 构建服务器以使用 EFS 挂载点。你可以按照 AWS 官方文档⊜中的安装步骤进行操作。最后一步是测试代码，如果构建通过了测试，则使用 `rsync--avz *.py/mnt/efs/src` 或类似的命令。

3.2　容器：Docker

容器已经存在很长一段时间了。2007 年，我还在一家初创公司时就已经使用 Solaris LDOM⊜工作了。从那以后，它们就一直吸引着我的注意，因为它们提供了更有力度、更优雅的解决问题的方式。这是为什么呢？容器之所以优雅，主要是因为它们允许你将运行时与代码一起打包。一个流行的格式是 Docker 格式容器®。

3.2.1　Docker 入门

Docker 有两个主要组成部分：Docker Desktop®和 Docker Hub®。Docker 产品生态系统见图 3.2。

通过下面的录屏了解什么是 Docker。

视频链接：https://www.youtube.com/watch?v=PPeXjwrx7W0。

Docker Desktop 概述
桌面应用程序包含容器运行时，它允许容器执行。Docker App 自己编排本地开

⊖　https://jenkins.io/doc/book/installing/#war-file
⊜　https://docs.aws.amazon.com/efs/latest/ug/setting-up.html
⊜　https://docs.aws.amazon.com/efs/latest/ug/setting-up.html
㉔　https://www.docker.com/resources/what-container
㉕　https://www.docker.com/products/docker-desktop
㉖　https://www.docker.com/products/docker-hub

发工作流，包括使用 Kubernetes[⊖]的能力，Kubernetes 是一个用于管理来自谷歌的容器化应用的开源系统。

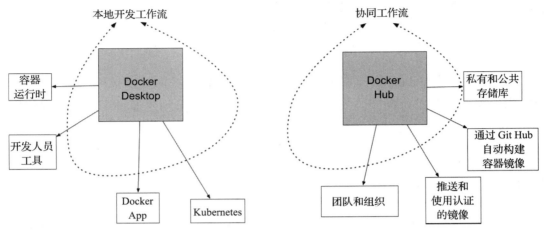

图 3.2　Docker 产品生态系统

Docker Hub 概述

什么是 Docker Hub？它解决了什么问题？正如 git[⊜]源代码生态系统拥有本地开发人员工具（比如 vim[⊜]、emacs®、Visual Studio Code®或 XCode®）并与其一起工作一样，Docker Desktop 与 Docker 容器一起工作，并支持本地使用和开发。

通过下面的录屏可以了解什么是 Docker Hub。

视频链接：https://www.youtube.com/watch?v=-ksQwxc6Kdg。

当在本地环境之外与 git 协作时，开发人员经常使用像 GitHub 或 GitLab 这样的平台来与其他各方进行通信并共享代码，Docker Hub[⊕]的工作原理与之类似。Docker Hub 允许开发者共享 Docker 容器，这些容器可以作为构建新解决方案的基础镜像。

　㊀　https://github.com/kubernetes/kubernet
　㊁　https://git-scm.com/
　㊂　https://www.vim.org/
　㊃　https://www.gnu.org/software/emacs/
　㊄　https://code.visualstudio.com/
　㊅　https://developer.apple.com/xcode/
　㊆　https://hub.docker.com/

这些基础镜像可以由专家构建，并经过高质量认证，即官方 Python 开发人员有一个基础镜像[⊖]。这个过程允许开发人员在特定的软件组件上利用专家的合适的专业知识，并提高其容器的整体质量。这个概念类似于使用其他开发人员开发的库而不是自己编写的库。

为什么使用 Docker 容器，而不是虚拟机

容器和虚拟机之间有什么区别？下面给出了详细的划分：

❑ 大小：容器的大小比虚拟机的小得多，容器是作为独立的进程而不是虚拟硬件来运行的。虚拟机可能是 GB 级的，而容器可能是 MB 级的。
❑ 速度：虚拟机启动很慢，一般需要几分钟。容器可以很快地生成，通常只需要几秒。
❑ 可组合性：容器以编程方式与应用软件一起构建。它们在基础设施即代码（IaC）项目中被定义为源代码。虚拟机通常是手动构建的系统的副本。容器使 IaC 工作流成为可能，因为它们被定义为文件，并与项目的源代码一起导入源代码控制系统中。

通过下面的录屏可以了解容器和虚拟机之间的区别。

视频链接：https://www.youtube.com/watch?v=OU-7ekVojk。

3.2.2 容器的真实例子

Docker 格式容器解决了什么问题[⊖]？简而言之，操作系统运行时连同代码一起打包。这一举措解决了一个历史悠久的、极其复杂的问题。一个著名的表情包是这样的："它在我的机器上可以工作！"虽然这经常被当作一个玩笑来说明部署软件的复杂性，但这也是事实。容器解决了这个问题。如果代码可以在容器中工作，那么可以将容器配置作为代码导入。描述这个概念的另一种方式是将现有的基础设施作为代码来运行，称为 IaC。下面我们讨论几个具体的例子。

开发人员共享本地项目

开发人员可以使用 flask（一种流行的 Python Web 框架）来进行 Web 应用上的

    ⊖ https://hub.docker.com/_/python
    ⊖ https://docs.docker.com/engine/docker-overview/

工作。Docker 容器文件处理底层操作系统的安装和配置。另一个团队成员可以导出代码并使用 `docker run` 来运行项目。这个过程消除了为了运行软件项目而可能需要用很多天来正确配置笔记本电脑的问题。

数据科学家与另一所大学的研究人员共享 Jupyter Notebook

一位使用 Jupyter[○]风格 notebook 的数据科学家想要共享一个复杂的数据科学项目，该项目依赖于 C、Fortran、R 和 Python 代码。它们将运行时打包成 Docker 容器，并且在共享这样一个项目时，可以消除几个星期内的来来回回的操作。

机器学习工程师对生产机器学习模型进行负载测试

机器学习工程师构建一个新的机器学习模型，并需要将其部署到生产环境中。以前，他们关心的是在投入使用新模型之前准确地测试其准确性。该模型向客户推荐产品，如果推荐得不准确，就会给公司造成大量损失。在本例中，使用容器来部署机器学习模型，可以将模型部署到一小部分客户中。一开始只是 10%，如果有问题，可以很快恢复。如果模型表现良好，则可以及时用它替换现有模型。

通过下面的录屏可以学习何时使用容器。

视频链接：https://www.youtube.com/watch?v=jWlhUXIpoPI。

3.2.3　运行 Docker 容器

让我们来讨论一下如何运行 Docker 容器以及运行它们的最佳实践。

使用 "基础" 镜像

对于开发者来说，Docker 工作流的一个好处是使用 "官方" 开发团队认证的容器。在图 3.3 中，开发人员使用由核心 Python 开发人员开发的官方 Python 基础镜像。这一步是通过 `FROM` 语句完成的，该语句加载到先前创建的容器镜像中。

当开发人员更改 `Dockerfile` 时，他们会在本地进行测试，然后将更改推送到一个私有的 Docker Hub repo。在此之后，这些更改可以被部署到云的流程或被其他开发人员所使用。

○ https://jupyter.org/

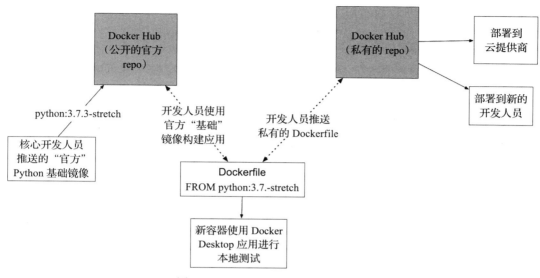

图 3.3　Docker "基础"镜像工作流

通过下面的录屏可以学习如何从头开始构建 Docker 容器。

视频链接：https://www.youtube.com/watch?v=2j4YRIwFefA。

运行 Docker 容器时的常见问题

在第一次启动或构建一个容器时，会出现一些常见的问题。让我们先看看这些问题，然后提出解决方法。

❑ 如果需要写入主机文件系统[⊖]，那么 Dockerfile 中的内容会是什么？

在下面的示例中，使用 docker volume 命令创建一个卷，然后将其挂载到容器上。

```
1  >  /tmp docker volume create docker-data
2  docker-data
3  >  /tmp docker volume ls
4  DRIVER                VOLUME NAME
5  local                 docker-data
6  >  /tmp docker run -d \
7     --name devtest \
8     --mount source=docker-data,target=/app \
9     ubuntu:latest
10 6cef681d9d3b06788d0f461665919b3bf2d32e6c6cc62e2dbab02b05e77769f4
```

⊖　https://docs.docker.com/storage/volumes/

❑ 如何为 Docker 容器配置日志记录[一]?

你可以通过选择日志驱动程序的类型（比如 `json-file`）来为 Docker 容器配置日志记录，以及它是阻塞的还是非阻塞的。这个例子展示了一个对 Ubuntu 容器使用 `json-file` 和 `mode=non-blocking` 的配置。非阻塞模式（`cnon-blocking`）确保应用不会以不确定的方式失败。请务必阅读 Docker 日志指南[二]中关于不同日志选项的内容。

```
1  >  /tmp docker run -it --log-driver json-file --log-opt mode=non-blocking ubuntu
2  root@551f89012f30:/#
```

❑ 如何将端口映射到外部主机?

Docker 容器有一个内部端口集，必须向主机公开并映射[三]。查看有哪些端口公开给主机的最简单的方法之一是运行 `docker port <容器名>` 命令。下面是一个例子，显示了一个名为 `foo` 的容器的端口情况。

```
1  $ docker port foo
2  7000/tcp -> 0.0.0.0:2000
3  9000/tcp -> 0.0.0.0:3000
```

那么实际的映射端口呢? 你可以使用 `-p` 标志来实现这一点，如下所示。你可以在 https://docs.docker.com/engine/reference/commandline/run/ 看到更多关于的 Docker 的 `run` 标志的信息。

```
1  docker run -p 127.0.0.1:80:9999/tcp ubuntu bash
```

❑ 如何配置内存、CPU 和 GPU ?

可以配置 `docker run` 来接受设置内存、CPU 和 GPU 的标志。你可以在官方文档[四]中了解更多信息。下面是一个设置 CPU 的简单例子。

```
1  docker run -it --cpus=".25" ubuntu /bin/bash
```

[一] https://docs.docker.com/config/containers/logging/configure/
[二] https://docs.docker.com/config/containers/logging/configure/
[三] https://docs.docker.com/engine/reference/commandline/port/
[四] https://docs.docker.com/config/containers/resource_constraints/

这一步告诉此容器每秒最多只使用 25% 的 CPU。

NVIDIA（英伟达）Docker GPU

你可以在这里运行 nvidia-container-runtime⊖。此过程允许你利用容器以及 NVIDIA GPU 的强大功能。有关将其添加到 Linux 发行版的说明，你可以查看 nvidia-container-runtime 仓库页面⊜。

3.2.4　容器注册表

在涉及容器的生产工作流中，容器最终必须存在于公共或私有注册表中。基于安全方面的原因（以及其他诸多原因），私有注册表通常是用于部署的类型。所有主要的云供应商都有与云安全环境绑定的私有容器注册表。

3.2.5　在 AWS Cloud9 上从零开始构建容器化应用

现在，让我们来看看如何使用 AWS Cloud9 从零开始构建 Docker 容器，可以参考下面的录屏。

视频链接：https://www.youtube.com/watch?v=wDoNJ7faNdQ。

按照以下步骤构建。

1）启动 AWS Cloud9。

2）创建一个新的 GitHub repo。

3）创建 SSH 密钥并上传到 GitHub。

4）对新的 repo 执行 git clone。

5）创建一个项目结构，如下所示。

❑ Makefile

```
1   FROM python:3.7.3-stretch
2
3   # Working Directory
4   WORKDIR /app
5
```

⊖ https://github.com/NVIDIA/nvidia-container-runtime
⊜ https://nvidia.github.io/nvidia-container-runtime/

```
6   # Copy source code to the working directory
7   COPY . app.py /app/
8
9   # Install packages from requirements.txt
10  # hadolint ignore=DL3013
11  RUN pip install --upgrade pip &&\
12      pip install --trusted-host pypi.python.org -r requirements.txt
```

❏ requirements.txt

❏ Dockerfile

❏ app.py

6）（可选，如果你想尝试容器 lint）安装 hadolint。

```
1   # use the latest version
2   wget -O /bin/hadolint https://github.com/hadolint/hadolint/releases/download/v1.19.0\
3   /hadolint-Linux-x86_64 &&\
4                   chmod +x /bin/hadolint
```

7）（可选：替换为任何构建服务器，比如 GitHub Actions）创建 CircleCI 配置。

```
1   # Python CircleCI 2.0 configuration file
2   #
3   # Check https://circleci.com/docs/2.0/language-python/ for more details
4   #
5   version: 2
6   jobs:
7     build:
8       docker:
9       # Use the same Docker base as the project
10        - image: python:3.7.3-stretch
11
12      working_directory: ~/repo
13
14      steps:
15        - checkout
16
17        # Download and cache dependencies
18        - restore_cache:
19            keys:
20              - v1-dependencies-{{ checksum "requirements.txt" }}
21              # fallback to using the latest cache if no exact match is found
22              - v1-dependencies-
23
24        - run:
```

```
25              name: install dependencies
26              command: |
27                python3 -m venv venv
28                . venv/bin/activate
29                make install
30                # Install hadolint
31                wget -O /bin/hadolint https://github.com/hadolint/hadolint/releases/down\
32   load/v1.17.5/hadolint-Linux-x86_64 &&\
33                    chmod +x /bin/hadolint
34
35        - save_cache:
36            paths:
37              - ./venv
38            key: v1-dependencies-{{ checksum "requirements.txt" }}
39
40        # run lint!
41        - run:
42            name: run lint
43            command: |
44              . venv/bin/activate
45              make lint
```

8）（可选）安装本地 CircleCI[⊖]。

9）设置 `requirements.txt`。

```
1  pylint
2  click
```

10）创建 `app.py`。

```
1  #!/usr/bin/env python
2  import click
3
4  @click.command()
5  def hello():
6      click.echo('Hello World!')
7
8  if __name__ == '__main__':
9      hello()
```

11）构建并运行容器。

⊖ https://circleci.com/docs/2.0/local-cli/

```
1  docker build --tag=app .
```

```
1  docker run -it app bash
```

12）在 Docker shell 提示符下测试应用。

13）在本地测试 CircleCI，或任何本地构建步骤（如 AWS CodeBuild）。另外，本地运行 make lint，然后配置 CircleCI。

14）最后，设置 Docker Hub Account（https://docs.docker.com/docker-hub/）并部署它。

另一种选择是直接将此容器部署到 AWS 容器注册表。通过下面的录屏可以学习构建一个到 AWS 容器注册表的 Docker 容器。

视频链接：https://www.youtube.com/watch?v=-i24PIdw_do。

3.2.6　练习：在 AWS Cloud9 中构建 Hello World 容器

主题：在 AWS Cloud9 中构建 Hello World 容器并发布到 Docker Hub。

预计时间：20 ～ 30 分钟。

人员：个人或最终项目团队。

Slack 频道：#noisy-exercise-chatter。

方向：

❑ A 部分：在 AWS Cloud9 中构建一个 Hello World Docker 容器，该容器使用官方的 Python 基础镜像。你可以使用这个存储库中的样例命令行工具（https://github.com/noahgift/python-devops-course）来获取想法。

❑ B 部分：在 Docker Hub 上创建一个账户并在那里发布。

❑ C 部分：共享你的 Docker Hub 容器。

❑ D 部分：再拉下一个学生的容器，然后运行它。

❑（可选）：容器化一个 flask 应用并发布。

3.3　Kubernetes

一种解释 Kubernetes 的方法是，它是"盒子里的云"。接下来我们将讨论一些细节。

3.3.1 安装 Kubernetes

安装 Kubernetes 的最简单的方法是使用 Docker Desktop for Windows（https://docs.docker.com/docker-for-windows/#kubernetes）或 Docker Desktop for Mac（https://docs.docker.com/docker-for-mac/kubernetes/）。通过 Kubernetes 命令行工具 `kubectl` 开始安装。

另一种方法是使用 Cloud Shell 环境，例如 AWS Cloud9（https://aws.amazon.com/cloud9/）或 Google Cloud Shell（https://cloud.google.com/shell/）。使用这些云环境可以避免遇到在笔记本电脑或工作站上突然出现的问题。可以参考官方文档中的本机包管理指南（https://kubernetes.io/docs/tasks/tools/install-kubectl/#install-kubectl-on-linux）。

对于专家来说，更先进的方法是直接下载最新的二进制文件。

提示：你可能不想使用这个方法，应该使用上面更简单的过程。

在 OS X 上安装最新版本的 `kubectl`，如下所示：

```
56  curl -LO "https://storage.googleapis.com/kubernetes-release/release/$(curl -s https:\
57  //storage.googleapis.com/kubernetes-release/release/stable.txt)/bin/darwin/amd64/kub\
58  ectl"
```

在 Linux 上安装最新版本的 `kubectl`，如下所示：

```
1  curl -LO https://storage.googleapis.com/kubernetes-release/release/`curl -s https://\
2  storage.googleapis.com/kubernetes-release/release/stable.txt`/bin/linux/amd64/kubect\
3  l
```

3.3.2 Kubernetes 概述

什么是 Kubernetes[⊖]？这是一个开源的容器编排系统，由谷歌开发，于 2014 年开放源代码。Kubernetes 是一个用于处理容器化应用的有用工具。鉴于我们之前使用 Docker 容器和将应用容器化的工作，使用 Kubernetes 是下一个合乎逻辑的步骤。Kubernetes 的诞生得益于谷歌扩展容器化应用的经验[⊖]。它适用于容器化应用的自动化

⊖ https://github.com/kubernetes/kubernetes
⊖ https://queue.acm.org/detail.cfm?id=2898444

部署、扩展以及管理。

通过下面的录屏可以了解 Kubernetes 的概述。

视频链接：https://www.youtube.com/watch?v=94DTEQp0giY。

❑ 使用 Kubernetes 有什么好处？

Kubernetes 是容器编排的标准。所有主要的云提供商都支持 Kubernetes。亚马逊通过 Amazon EKS[一]提供，谷歌通过 Google Kubernetes Engine（GKE）[二]提供，微软通过 Azure Kubernetes Service（AKS）[三]提供。

Kubernetes 也是一个重要的运行分布式系统的框架[四]，谷歌每周用它来运营数十亿个容器。

❑ Kubernetes 的一些功能包括：
- 高可用性架构
- 自动伸缩
- 丰富的生态系统
- 发现服务
- 容器健康管理
- 秘密和配置管理

这些特性的缺点是 Kubernetes 的高复杂性和学习曲线。可以通过官方文档[五]了解更多关于 Kubernetes 特性的信息。

❑ Kubernetes 的基本原理是什么？

Kubernetes 所涉及的核心操作包括创建 Kubernetes 集群、将应用程序部署到集群中、公开应用程序端口、扩展应用程序以及更新应用程序，如图 3.4 所示。

㊀ https://aws.amazon.com/eks/
㊁ https://cloud.google.com/kubernetes-engine
㊂ https://azure.microsoft.com/en-us/services/kubernetes-service/
㊃ https://kubernetes.io/
㊄ https://kubernetes.io/docs/home/

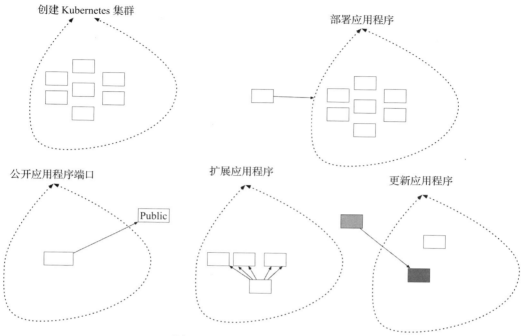

图 3.4　Kubernetes 基本工作流

❑ 什么是 Kubernetes（集群）架构？

Kubernetes 的核心是集群。其中，容器在集合中运行。集群的核心组件包括集群主节点和其他节点。在其他节点内部，还有另一个层次结构。此层次结构显示在图 3.5 中。Kubernetes 节点可以包含多个 Pod，Pod 包含多个容器和卷。

❑ 如何建立 Kubernetes 集群？

主要有两种方法：建立一个本地集群（最好使用 Docker Desktop）或提供一个云集群（亚马逊通过 Amazon EKS 提供，谷歌通过 Google Kubernetes Engine（GKE）提供，微软通过 Azure Kubernetes Service（AKS）提供）。

如果你使用 Docker，并且启用了 Kubernetes，那么你已经有了一个独立运行的 Kubernetes 服务器。这一步是开始使用 Kubernetes 集群的推荐方法。

❑ 如何在 Kubernetes 集群中启动容器？

现在你已经通过 Docker Desktop 运行了 Kubernetes，那么如何启动一个容器呢？

一个最简单的方法是使用 docker stack deploy --compose-file 命令⊖。

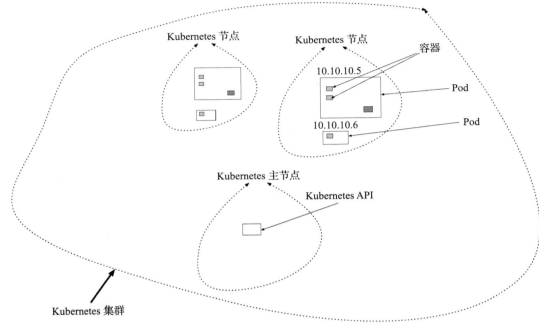

图 3.5　Kubernetes 层次结构

yaml 示例文件如下所示：

```
1   version: '3.3'
2
3   services:
4     web:
5       image: dockersamples/k8s-wordsmith-web
6       ports:
7       - "80:80"
8
9     words:
10      image: dockersamples/k8s-wordsmith-api
11      deploy:
12        replicas: 5
13        endpoint_mode: dnsrr
14        resources:
15          limits:
```

⊖ https://docs.docker.com/docker-for-mac/kubernetes/

```
16              memory: 50M
17          reservations:
18              memory: 50M
19
20      db:
21          image: dockersamples/k8s-wordsmith-db
```

该应用程序使用以下命令部署：

```
1   docker stack deploy --namespace my-app --compose-file /path/to/docker-compose.yml my\
2   stack
```

3.3.3　自动伸缩的 Kubernetes

Kubernetes 的一个"杀手级"特性是能够通过 HPA（Horizontal Pod Autoscaler，水平 Pod 自动伸缩器）[一]实现自动伸缩（参见图 3.6）。这是如何运作的呢？Kubernetes HPA 将自动伸缩复制控制器、部署或复制集中的 Pod 数量（记住，Pod 可以包含多个容器）。这种伸缩使用 CPU 利用率、内存或 Kubernetes 指标服务器中定义的自定义指标。

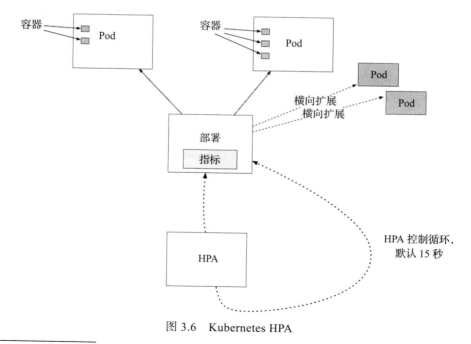

图 3.6　Kubernetes HPA

[一]　https://kubernetes.io/docs/tasks/run-application/horizontal-pod-autoscale/

有一篇关于 Docker 的文章"Kubernetes autoscaling in UCP"⊖，这是一个很好的指南，可以让你更深入地了解这个主题，并帮助你自己进行尝试。

通过观看下面录屏中的演示可以学习关于 Kubernetes 的知识。

视频链接：https://www.youtube.com/watch?v=ZUyNDfZP1eQ。

3.3.4 云中的 Kubernetes

使用 Kubernetes 的最理想和最常见的地方是云环境。特别是云解决了一个主要问题，也就是运行 Kubernetes 集群是至关重要的。通过云提供商，可以使复杂的 Kubernetes 任务变得非常简单。

谷歌 Kubernetes 引擎

谷歌云是探索 Kubernetes 的一个好方法，因为谷歌是开源框架的创始者。在谷歌上使用 Kubernetes 的两种常用方法是通过谷歌 Kubernetes 引擎（GKE）使用和通过 Google Cloud Run 使用⊖。Google Cloud Run 是一种使用容器来部署原型的非常引人注目的方法，它与 Google App Engine 一样简单。

通过下面的录屏可以学习如何在 GKE 上部署 Kubernetes。

视频链接：https://www.youtube.com/watch?v=5pTQJxoK47I。

3.3.5 混合云和多云 Kubernetes

使用 Docker Desktop 和 sklearn flask 在本地运行 Kubernetes

通过下面的录屏学习如何使用 Docker Desktop 在本地运行 Kubernetes。

视频链接：https ：//www.youtube.com/watch?v=LcunlZ_T6Ks。

请注意 `kubectl` 是如何作为主节点来进行工作的。

```
1  #!/usr/bin/env bash
2
3  dockerpath="noahgift/flasksklearn"
```

⊖ https://success.docker.com/article/kubernetes-autoscaling-in-ucp

⊖ https://cloud.google.com/run

```
 4
 5    # Run in Docker Hub container with kubernetes
 6    kubectl run flaskskearlndemo\
 7        --generator=run-pod/v1\
 8        --image=$dockerpath\
 9        --port=80 --labels app=flaskskearlndemo
10
11    # List kubernetes pods
12    kubectl get pods
13
14    # Forward the container port to host
15    kubectl port-forward flaskskearlndemo 8000:80
```

你可以在 https://github.com/noahgift/container-revolution-devops-microservices 中看到 Kubernetes 是如何在 Docker Desktop 上本地运行一个 flask sklearn 应用程序的。

3.3.6　Kubernetes 总结

有很多理由让人们选择使用 Kubernetes。让我们总结一下：

❑ 由谷歌创建、使用和开源。
❑ 高可用性架构。
❑ 自动伸缩是内置的。
❑ 丰富的生态系统。
❑ 发现服务。
❑ 容器健康管理。
❑ 秘密和配置管理。

另一个优势是 Kubernetes 是云不可知的，对于那些愿意承担额外复杂性以防止"供应商锁定"的公司来说，它可能是一种解决方案。

3.4　运行微服务概述

开发微服务的一个关键因素是考虑反馈循环。在图 3.7 中，实现了一个 GitOps[⊖]风格的工作流。

　　⊖　https://queue.acm.org/detail.cfm?id=3237207

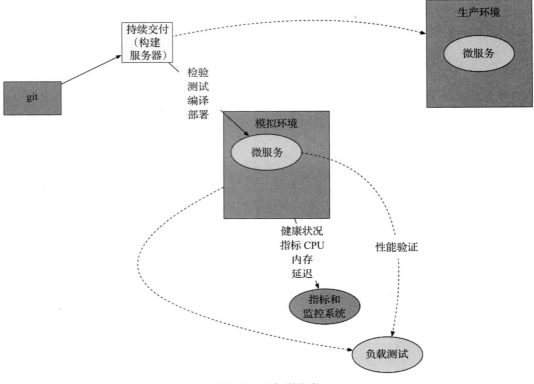

图 3.7 运行微服务

☐ 应用程序存储在 git 里。

☐ git 中的更改会触发持续交付服务器，它会对更改进行测试并将其部署到新环境中。这个环境配置为代码——IaC。

☐ 微服务可以是一个容器化的服务。它运行在 Kubernetes 中或运行在 AWS Lambda 上的一个 FaaS（函数即服务）中。这个微服务包括了日志、指标和指令。

☐ 使用类似 Locust⊖的工具进行负载测试。

☐ 当性能和自动伸缩得到验证后，代码就会被合并到生产环境中并进行部署。

Kubernetes 可以对哪些项目进行报警？

☐ 对应用层指标进行报警。

☐ 对 Kubernetes 上运行的服务进行报警。

⊖ https://locust.io/

❑ 对 Kubernetes 基础设施进行报警。

❑ 对主机 / 节点层进行报警。

　　如何使用 Kubernetes 和 Prometheus 收集指标？图 3.8 是一个可能的工作流程图。这里需要注意的是两个 Pod。第一个 Pod 连接到 Prometheus 收集器，第二个 Pod 有一个"sidecar"（跨斗）Prometheus 容器，位于 Flask 应用程序的旁边。此过程将向上传播到一个集中式监视系统，该系统可以可视化集群的健康状况并触发报警。

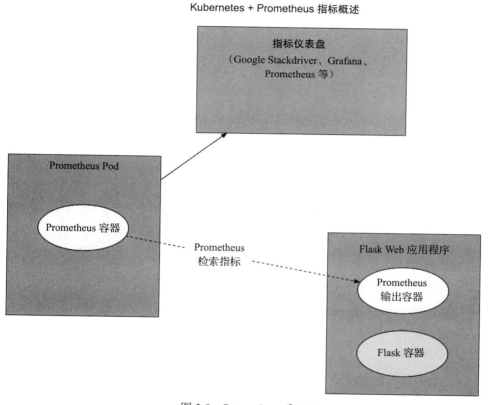

图 3.8　Prometheus 和 Kubernetes

　　另一个有用的资源是谷歌云监控应用程序的一个官方示例项目⊖，这些应用程序使用 Prometheus 和 Stackdriver 运行在多个 GKE 集群上。

⊖　https://cloud.google.com/solutions/monitoring-apps-running-on-multiple-gke-clusters-using-prometheus-and-stackdriver

3.4.1 创建有效的报警

在我工作过的一家公司，一个自制的监控系统（同样最初也是由创始人创建的）每天的 24 小时中平均每 3 ～ 4 个小时就会发出一次报警。它每天的报警总数如图 3.9 所示。

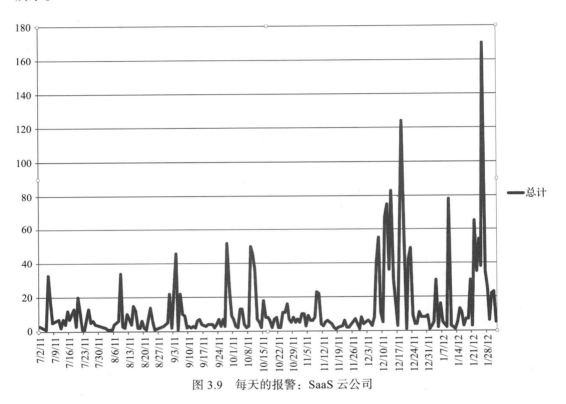

图 3.9 每天的报警：SaaS 云公司

除了首席技术官之外，工程部门的每个人都是随叫随到，这导致大多数工程人员总是睡眠不足，因为每天晚上都会有系统不工作的报警。对这些预兆的"修复"是重启服务。我自愿连续一个月待命，让工程部门有时间来解决这个问题。这段持续的痛苦和睡眠不足让我意识到了几件事。其中之一是，监控系统并不比随机系统好多少。我可以使用随机抛硬币的方式来代替真正的监控。

更让人沮丧的是，数年间工程师们不停地回复页面，半夜被叫醒，而这些都是毫无用处的。痛苦和牺牲一无所获，反而强化了一个可悲的事实：生活是不公平的。这种不公平的情况相当令人沮丧，我们花了不少时间来说服人们关掉报警。人类行为中有一种固有的偏见，那就是会继续做他一直在做的事情。此外，由于痛苦是如此严重和持久，人们倾向于赋予它更深的含义。最终，它是一个虚假的"上帝"（参见 *Python for DevOps*（Noah Gift，2020）第 226 页）。

通过下面的录屏了解如何使用报警和监控。

视频链接：https://www.youtube.com/watch?v=xrXjgtOSX6o。

五个为什么和持续改进

我们这家陷入困境的公司有一种方法可以用一种理智的报警过程来代替监控系统，这就是"五个为什么"的方法。简而言之，它起源于 Kaizen，一种二战后日本汽车工业持续改进的过程。"五个为什么"的策略是不断问问题，直到根本原因出现。

通过下面的录屏了解"五个为什么"。

视频链接：https://www.youtube.com/watch?v=9jS3cwjIJEo。

通过下面的录屏了解持续改进。

视频链接：https://www.youtube.com/watch?v=mZVbUbYwFQo。

报警统计理论

考虑报警的一个好方法是考虑统计数据的正态分布[一]。考虑一个正态分布，"6 sigma"[二]和 68-95-99.7 规则[三]。计算机系统的事件通常是正态分布的，也就是说，在平均值两侧三个标准偏差范围内的所有事件的发生概率为 99.7%。

设计一个流程，当事件的重要性高于平均值三个标准偏差时，就会向高级工程师发出报警，并记录报警应该如何工作，例如：

❑ 当一个事件的重要性高于平均值三个标准偏差时，谁应该得到一个页面？

❑ 如果第一个人在五分钟内没有做出反应，是否应该有一个后备人员收到报警？

❑ 报警是否应该在事件的重要性高于平均值一个标准偏差时唤醒团队成员？两个标准偏差时呢？

一　https://en.wikipedia.org/wiki/Normal_distribution

二　https://en.wikipedia.org/wiki/Six_Sigma_

三　https://en.wikipedia.org/wiki/68%E2%80%9395%E2%80%9399.7_rule

通过下面的录屏学习如何从头开始构建报警。

视频链接：https://www.youtube.com/watch?v=8cl_ZbmgDhw。

3.4.2　Prometheus 入门

Prometheus[⊖]是一个常用的指标和报警解决方案，通常与容器和 Kubernetes 一起使用。要运行本教程，请执行以下操作。

1）使用本地环境，最好是 AWS Cloud9。如果使用 AWS Cloud9，你需要通过 EC2 安全组公开端口 9090。

2）下载[⊖]、安装并运行 Prometheus。在 AWS Cloud9 上，你要安装名字中包含 `*.linux-amd64.tar.gz` 的最新版本。比如 `wget <some release>.linux-amd64.tar.gz`。

```
1  tar xvfz prometheus-*.tar.gz
2  cd prometheus-*
```

3）通过创建一个 `prometheus.yml` 文件来配置 Prometheus：

```
1   global:
2     scrape_interval:     15s
3     evaluation_interval: 15s
4
5   rule_files:
6     # - "first.rules"
7     # - "second.rules"
8
9   scrape_configs:
10    - job_name: prometheus
11      static_configs:
12        - targets: ['localhost:9090']
```

4）启动 Prometheus。等待大约 30 秒，让 Prometheus 收集数据。

```
1   ./prometheus --config.file=prometheus.yml
```

5）通过表达式浏览器查看数据。

⊖　https://prometheus.io/
⊖　https://prometheus.io/download/

前往 http://localhost:9090/graph。在图中选择"console"（控制台）。Prometheus 收集的一个指标是 http：//localhost：9090/metrics 调用的次数。如果刷新几次，然后在表达式控制台中输入以下内容，就可以看到一个时间序列的结果。

6）通过图接口查看数据。

这是另一种查看数据的方法。前往 http://localhost:9090/graph，使用"Graph"标签。

```
...rate(promhttp_metric_handler_requests_total{code="200"}[1m])...
```

7）（可选）进一步，按照以下示例进行试验。

一个更复杂的示例还包括从客户端收集数据（https://prometheus.io/docs/prometheus/latest/getting_started/#downloading-and-running-prometheus）。接下来，使用下面的代码下载这些 go 客户端并运行它们。

```
16   # Fetch the client library code and compile the example.
17   git clone https://github.com/prometheus/client_golang.git
18   cd client_golang/examples/random
19   go get -d
20   go build
21
22   # Start 3 example targets in separate terminals:
23   ./random -listen-address=:8080
24   ./random -listen-address=:8081
25   ./random -listen-address=:8082
```

接下来，将这些内容添加到 prometheus.yml 中：

```
1   scrape_configs:
2   - job_name:        'example-random'
3
4     # Override the global default and scrape targets from this job every 5 seconds.
5     scrape_interval: 5s
6
7     static_configs:
8       - targets: ['localhost:8080', 'localhost:8081']
9         labels:
10          group: 'production'
11
12      - targets: ['localhost:8082']
13        labels:
14          group: 'canary'
```

重新启动 Prometheus，并在表达式浏览器中查看这些指标。

```
rpc_durations_seconds
```

请遵循官方 Prometheus 文档⊖及指南⊖。

通过下面的录屏学习如何使用 Prometheus。

视频链接：https://www.youtube.com/watch?v=4bcBS1G3GWI。

3.4.3　使用 Flask 创建 Locust 负载测试

创建简单负载测试的一种强大方法是使用 Locust 和 Flask。下面是一个简单的 flask hello world 应用程序的例子。源代码见 https://github.com/noahgift/docker-flask-locust。

```
1  from flask import Flask
2  app = Flask(__name__)
3
4  @app.route('/')
5  def hello_world():
6      return 'Hello, World!'
7
8  if __name__ == "__main__":
9      app.run(host='0.0.0.0', port=8080, debug=True)
```

负载测试文件很容易配置。请注意，index 函数调用 main，并且只调用 flask route。

```
1  from locust import HttpLocust, TaskSet, between
2
3  def index(l):
4      l.client.get("/")
5
6  class UserBehavior(TaskSet):
7      tasks = {index: 1}
8
9  class WebsiteUser(HttpLocust):
10     task_set = UserBehavior
11     wait_time = between(5.0, 9.0)
```

⊖ https://github.com/prometheus/docs/blob/432af848c749a7efa1d731f22f73c27ff927f779/content/docs/introduction/first_steps.md

⊖ https://prometheus.io/docs/prometheus/latest/getting_started/#downloading-and-running-prometheus

登录屏幕需要输入用户数量，以及主机名和端口（参见图3.10）。在我们的示例中，端口是8080。

图　3.10

你可以看到 Locust 在运行时是如何工作的，如图 3.11 所示。

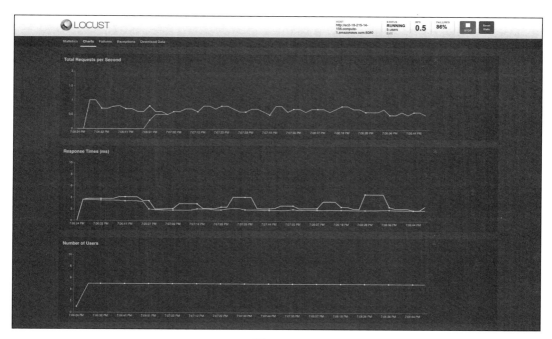

图　3.11

通过下面的录屏了解什么是负载测试。

视频链接：https://www.youtube.com/watch?v=fMDDpZoKH7c。

通过下面的录屏学习如何使用 Docker、Flask 和 Locust 进行负载测试。

视频链接：https://www.youtube.com/watch?v=IokEPPhvQA0。

通过下面的视频学习如何使用 AWS Cloudwatch。

视频链接：https://www.youtube.com/watch?v=QT094Yk99_c。

3.4.4 微服务的无服务器最佳实践、灾难恢复和备份

构建产品软件的一个基本但经常被忽视的部分是为失败而设计。有一种说法是，生活中唯一确定的两件事是死亡和上税。我们可以在列表中添加另一个锁，即软件系统故障。在 AWS 白皮书 Serverless Application Lens⊖中，讨论了架构良好的无服务器系统的五大支柱：卓越运营、安全、可靠性、性能效率和成本优化。强烈建议仔细阅读本指南。

通过下面的录屏了解什么是微服务。

视频链接：https://www.youtube.com/watch?v=me0k1ZLbuVo。

通过下面的录屏了解可以在哪里运行微服务。

视频链接：https://www.youtube.com/watch?v=2vpXLpG39OI。

让我们总结一下每个支柱的关键点。

1. 卓越运营

如何理解无服务器应用程序的运行状况？了解运行状况的一种方法是使用指标和报警。这些指标可以包括业务指标、客户体验指标和其他定制指标。另一种补充的方法是使用集中式日志记录。这种技术允许使用独特的事务思想，可以缩小关键故障的范围。

2. 安全

拥有适当的控制并使用 POLP（Principle Of Least Privilege，最小特权原则）。只

⊖ https://d1.awsstatic.com/whitepapers/architecture/AWS-Serverless-Applications-Lens.pdf

向用户、服务人员或开发人员提供完成任务所需的权限。保护静止和传输中的数据。

3. 可靠性

要对会发生失败这样一个事实做出计划。为基本服务设计重试逻辑，并在服务不可用时构建队列系统。使用存储多个数据副本的高可用性服务（如 Amazon S3），然后对关键数据进行归档，以获得可以存储不可变备份的好处。确保你已经测试了这些备份并定期（比如每季度）验证它们。

4. 性能

验证性能的一个关键方法是对具有适当工具和日志记录的应用程序进行负载测试。有一些负载测试工具，包括 Apache Bench⊖、Locust⊜，以及像 loader.io⊜这样的负载测试服务。

5. 成本

像 AWS Lambda 这样的无服务器技术非常适合成本优化，因为它们是由使用情况驱动的。对于事件触发服务的执行，如果架构设计利用了这一点，那么将节省大量的成本。

无服务器最佳实践的总结

无服务器应用开发的优点之一是，它鼓励在高度持久的基础设施之上使用 IaC 和 GitOps。这一过程意味着，在地理区域内，整个环境会自动升级，以减轻严重的计划外故障。此外，自动化的负载测试以及全面的工具和日志记录可以在灾难面前提供健壮的环境。

3.5　练习：运行 Kubernetes Engine

主题：浏览 Kubernetes Engine——Qwik Start Lab®。

预计时间：20 ～ 30 分钟。

人员：个人或最终项目团队。

⊖　https://httpd.apache.org/docs/2.4/programs/ab.html
⊜　https://locust.io/
⊜　https://loader.io/
⊿　https://www.qwiklabs.com/focuses/878?parent=catalog

Slack 频道：#noisy-exercise-chatter。

方向：

❏ A 部分：完成实验室。

❏ B 部分：尝试将 Docker 项目转换为 Kubernetes。

3.6 总结

本章介绍了云计算的几个关键组件，包括容器、虚拟机和微服务。围绕负载测试和监控的理论和实际用例充实了本章。

40 年来的处理器性能

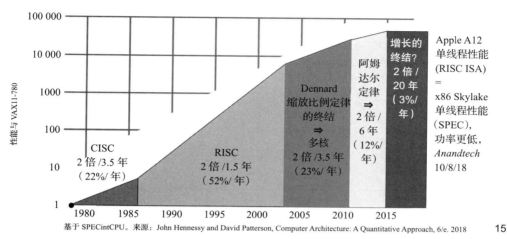

基于 SPECintCPU。来源：John Hennessy and David Patterson, Computer Architecture: A Quantitative Approach, 6/e. 2018　15

图 4.4　单程序速度增长的终结？

通过下面的录屏了解摩尔定律。

视频链接：https://www.youtube.com/watch?v=adPvJpoj_tU。

4.7　ASIC：GPU、TPU、FPGA

通过下面的录屏了解什么是 ASIC。

视频链接：https://www.youtube.com/watch?v=SXLQ6ipVtxQ。

4.7.1　ASIC、CPU 与 GPU

生产环境中的 TPU 如图 4.5 所示。

CPU 工作原理如图 4.6 所示。

GPU 工作原理如图 4.7 所示。

TPU 工作原理如图 4.8 所示。

图 4.5　TPU 生产环境

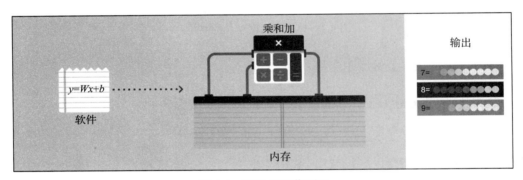

图 4.6　CPU 的工作原理

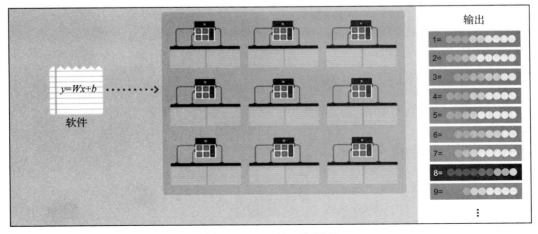

图 4.7　GPU 的工作原理

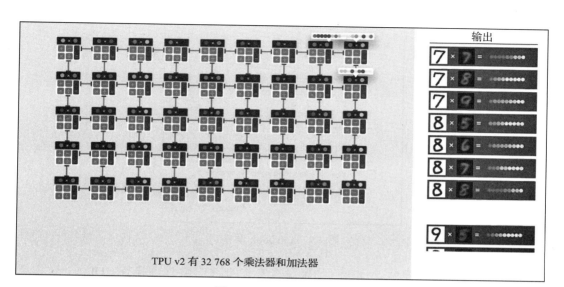

图 4.8　TPU 的工作原理

资料来源：https://storage.googleapis.com/nexttpu/index.html。

4.7.2　使用 GPU 和 JIT

通过下面的录屏了解如何进行 GPU 编程。

视频链接：https://www.youtube.com/watch?v=3dHJ00mAQAY。

使用实时（Just in Time，JIT）编译器或 GPU 的最简单的方法之一是使用像 numba⊖这样的库和像谷歌 Colab⊖这样的托管运行时。

通过下面的录屏了解什么是 Colab Pro。

视频链接：https://www.youtube.com/watch?v=W8RcIP2-h7c。

在下面的 notebook 中有一个如何使用这些操作的分步示例：https://github.com/ noahgift/cloud-data-analysis-at-scale/blob/master/GPU_Programming.ipynb。notebook 的设置如图 4.9 所示。最重要的是 GPU 运行时必须存在。这个例子可以通过 Google Colab 得到，但如果有 NVIDIA GPU，它也可以存在于某个服务器或你的工作站上。

⊖　https://numba.pydata.org/numba-doc/latest/cuda/overview.html

⊖　https://github.com/noahgift/cloud-data-analysis-at-scale/blob/master/GPU_Programming.ipynb

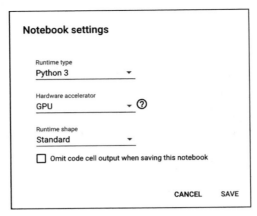

图 4.9　notebook 设置

接下来，你可以安装 numba（如果没有安装的话），并仔细检查 CUDA，这样就可以使用库了。

```
1  !pip install numba
2  !find / -iname 'libdevice'
3  !find / -iname 'libnvvm.so'
```

你可以看到类似这样的结果。

```
1  /usr/local/cuda-10.0/nvvm/libdevice
2  /usr/local/cuda-10.1/nvvm/libdevice
3  /usr/local/cuda-10.0/nvvm/lib64/libnvvm.so
4  /usr/local/cuda-10.1/nvvm/lib64/libnvvm.so
```

GPU 工作流

GPU 程序中的一个关键概念是，使用以下步骤从头开始对 GPU 进行编程。

1）创建一个矢量函数。

2）将计算移到 GPU 内存。

3）在 GPU 上进行计算。

4）将计算移回主机。

下面是一个精心设计的例子[⊖]，可以在 Google Colab Notebook 上使用。

⊖　https://github.com/noahgift/cloud-data-analysis-at-scale/blob/master/GPU_Programming.ipynb

```
1   from numba import (cuda, vectorize)
2   import pandas as pd
3   import numpy as np
4   from sklearn.preprocessing import MinMaxScaler
5   from sklearn.cluster import KMeans
6
7   from functools import wraps
8   from time import time
9
10  def real_estate_df():
11      """30 Years of Housing Prices"""
12
13      df = pd.read_csv("https://raw.githubusercontent.com/noahgift/real_estate_ml/mast\
14  er/data/Zip_Zhvi_SingleFamilyResidence.csv")
15      df.rename(columns={"RegionName":"ZipCode"}, inplace=True)
16      df["ZipCode"]=df["ZipCode"].map(lambda x: "{:.0f}".format(x))
17      df["RegionID"]=df["RegionID"].map(lambda x: "{:.0f}".format(x))
18      return df
19
20  def numerical_real_estate_array(df):
21      """Converts df to numpy numerical array"""
22
23      columns_to_drop = ['RegionID', 'ZipCode', 'City', 'State', 'Metro', 'CountyName']
24      df_numerical = df.dropna()
25      df_numerical = df_numerical.drop(columns_to_drop, axis=1)
26      return df_numerical.values
27
28  def real_estate_array():
29      """Returns Real Estate Array"""
30
31      df = real_estate_df()
32      rea = numerical_real_estate_array(df)
33      return np.float32(rea)
34
35
36  @vectorize(['float32(float32, float32)'], target='cuda')
37  def add_ufunc(x, y):
38      return x + y
39
40  def cuda_operation():
41      """Performs Vectorized Operations on GPU"""
42
43      x = real_estate_array()
44      y = real_estate_array()
45
46      print("Moving calculations to GPU memory")
```

```
47      x_device = cuda.to_device(x)
48      y_device = cuda.to_device(y)
49      out_device = cuda.device_array(
50          shape=(x_device.shape[0],x_device.shape[1]), dtype=np.float32)
51      print(x_device)
52      print(x_device.shape)
53      print(x_device.dtype)
54
55      print("Calculating on GPU")
56      add_ufunc(x_device,y_device, out=out_device)
57
58      out_host = out_device.copy_to_host()
59      print(f"Calculations from GPU {out_host}")
60
61  cuda_operation()
```

4.7.3 练习：GPU 编程

主题：实践 4.7.2 节最后的 Colab 示例。

预计时间：20 ～ 30 分钟。

人员：个人或最终项目团队。

Slack 频道：#noisy-exercise-chatter。

方向：

❑ A 部分：使代码在 Colab 中工作。

❑ B 部分：编写 GPU 或 JIT 代码来加速项目的进度。在 Slack 上分享或创建一篇关于这方面的技术博客。

4.8 总结

本章涵盖了许多云计算基础知识背后的理论，包括分布式计算、CAP 定理、最终一致性、阿姆达尔定律和高可用。最后给出了一个在 Python 中使用 CUDA 进行 GPU 编程的实例。

第 5 章 *Chapter 5*

云 存 储

与台式计算机不同，云提供了许多存储选择，包括对象存储和灵活的网络文件系统。本章将介绍这些不同的存储类型以及处理它们的方法。

通过下面的录屏了解云存储的重要性。

视频链接：https://www.youtube.com/watch?v=4ZbPAzlmpcI。

5.1 云存储类型

AWS 是讨论云中可用的不同存储选项的一个绝佳的起点。你可以在 https://aws.amazon.com/products/storage/ 看到它们所提供的各种存储选项的列表。让我们逐一讨论这些选项。

1. 对象存储

Amazon S3[⊖]是具有 11 个 9（即 99.999 999 999%）的持久性的对象存储，这意味着每年的停机时间以毫秒来计算。它非常适合存储大型对象，如文件、图像、视频或其他二进制数据。它通常作为数据处理工作流中的中心位置。对象存储系统的同义词

⊖ https://aws.amazon.com/s3/

是"数据湖"。

通过下面的录屏了解如何使用 Amazon S3。

视频链接：https://www.youtube.com/watch?v=BlWfOMmPoPg。

通过下面的录屏了解什么是数据湖。

视频链接：https://www.youtube.com/watch?v=fmsG91EgbBk。

2. 文件存储

许多云提供商现在都提供可伸缩的、弹性的文件系统。AWS 提供 Amazon Elastic File System（EFS）[⊖]，谷歌提供 Filestore[⊜]。这些文件系统提供了高性能、全管理的文件存储，可以由多台机器挂载。它们可以作为 NFSOPS 或网络文件系统运营的核心组件，其中文件系统存储源代码、数据和运行时。

通过下面的录屏了解云数据库和云存储。

视频链接：https://www.youtube.com/watch?v=-68k-JS_Y88。

云数据库的另一种选择是使用无服务器数据库，例如 AWS Aurora Serverless[⊜]，云中的许多数据库都以无服务器的方式工作，包括 Google BigQuery 以及 AWS DynamoDB。通过下面的录屏来学习如何使用 AWS Aurora Serverless。

视频链接：https://www.youtube.com/watch?v=UqHz-II2jVA。

3. 块存储

块存储类似于工作站或笔记本电脑上的硬盘存储，但是虚拟化的。这种虚拟化允许增加存储的大小和提高性能。它还意味着用户可以对存储进行"快照"并将其用于备份或操作系统镜像。亚马逊通过 Amazon Elastic Block Store（EBS）^㉔服务提供块存储。

○ https://aws.amazon.com/efs/
◎ https://cloud.google.com/filesto
⑤ https://aws.amazon.com/rds/aurora/serverless/
㉔ https://aws.amazon.com/ebs/

4. 其他存储

云中还有各种其他存储类型，包括备份系统、数据传输系统和边缘计算服务，例如 AWS Snowmobile⊖可以在一个运输容器中传输 100 PB 的数据。

5.2 数据治理

什么是数据治理？它是"管理"数据的能力。谁可以访问数据以及可以用这些数据做什么是数据治理中的基本问题。由于在云中安全存储数据的重要性，数据治理是一个新兴的职位。

通过下面的录屏了解数据治理。

视频链接：https://www.youtube.com/watch?v=cCUiHBP7Bts。

通过下面的录屏了解 AWS 的安全性。

视频链接：https://www.youtube.com/watch?v=I8FeP_FY9Rg。

通过下面的录屏了解 AWS 云安全 IAM。

视频链接：https://www.youtube.com/watch?v=_Xf93LSCECI。

数据治理策略的重点包括以下几方面。

1. PLP（Principle of Least Privilage，最少特权原则）

你是默认限制权限还是允许访问所有内容？这个安全原则被称为 PLP，指的是只向用户提供他所需要的东西。现实生活中一个很好的类比是不允许邮递员进入你家，只允许他们接触邮箱。

通过下面的录屏了解 PLP。

视频链接：https://www.youtube.com/watch?v=cIRa4P24sf4。

2. 审计

是否有自动审计系统？你如何知道何时产生了安全漏洞？

⊖　https://aws.amazon.com/snow/

3. PII（Personally Identifiable Information，个人身份信息）

系统是否避免存储个人身份信息？

4. 数据完整性

你如何确保你的数据是有效的并且没有被破坏？你知道它是什么时候被篡改的吗？

5. 灾难恢复

你的灾难恢复计划是什么？你如何知道它是否可以工作？你是否通过重复恢复过程来测试备份？

6. 加密

你会对传输中和静止的数据加密吗？谁有权使用加密密钥？你是否会对加密事件进行审计（比如，对敏感数据的解密）？

7. 模型的可解释性

你确定你能重新创建模型吗？你知道它是如何工作的吗？它是可解释的吗？

8. 数据漂移

你会测量用于创建机器学习模型的数据的"漂移"吗？微软的 Azure 有一套很好的关于数据漂移的文档[⊖]，这是学习这一概念的一个很好的起点。

5.3 云数据库

云计算的一大好处是你不必从关系型数据库开始。亚马逊的 CTO 沃纳·沃格尔（Werner Vogel）在其博客文章 "A one size fits all database doesn't serve anyone"[⊜]中提出了一些可用的选项，如图 5.1 所示。

通过下面的录屏了解"一刀切并不能适合所有的情况"。

视频链接：https://www.youtube.com/watch?v=HkequkfOIE8。

⊖ https://docs.microsoft.com/en-us/learn/modules/monitor-data-drift-with-azure-machine-learning/

⊜ https://www.allthingsdistributed.com/2018/06/purpose-built-databases-in-aws.html

关系数据库	键 - 值数据库	文档数据库	图形数据库	内存数据库	搜索数据库
引用完整性、强一致性、事务处理和强化的规模	低延迟、具有高数据吞吐量和快速数据获取的基于键的查询	索引和存储文档，支持对任意属性的查询	简单而快速地创建和导航数据之间的关系	微秒级延迟、基于键的查询、专用数据结构	索引和搜索半结构化日志和数据
Amazon Aurora、Amazon RDS	Amazon DynamoDB	Amazon DynamoDB	Amazon Neptune	Amazon ElastiCache for Redis & Memcached	Amazon Elasticsearch Service

图 5.1　一切都是分布式的（图片源自 allthingsdistributed.com）

5.4　键 - 值数据库

无服务器的键 / 值数据库的一个很好的例子是 DynamoDB（如图 5.2 所示）。另一个著名的例子是 MongoDB。

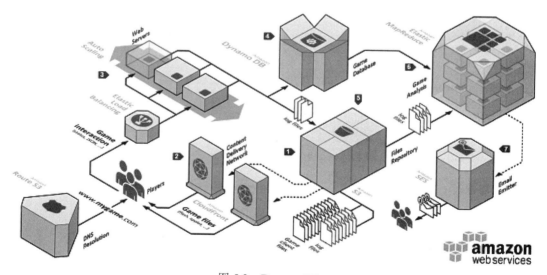

图 5.2　DynamoDB

⊖　https://aws.amazon.com/dynamodb/

⊜　https://www.mongodb.com

如何用纯 Python 查询这种类型的数据库?

```python
 1  def query_police_department_record_by_guid(guid):
 2      """Gets one record in the PD table by guid
 3
 4      In [5]: rec = query_police_department_record_by_guid(
 5          "7e607b82-9e18-49dc-a9d7-e9628a9147ad"
 6          )
 7
 8      In [7]: rec
 9      Out[7]:
10      {'PoliceDepartmentName': 'Hollister',
11       'UpdateTime': 'Fri Mar  2 12:43:43 2018',
12       'guid': '7e607b82-9e18-49dc-a9d7-e9628a9147ad'}
13      """
14
15      db = dynamodb_resource()
16      extra_msg = {"region_name": REGION, "aws_service": "dynamodb",
17          "police_department_table":POLICE_DEPARTMENTS_TABLE,
18          "guid":guid}
19      log.info(f"Get PD record by GUID", extra=extra_msg)
20      pd_table = db.Table(POLICE_DEPARTMENTS_TABLE)
21      response = pd_table.get_item(
22          Key={
23              'guid': guid
24              }
25          )
26
       return response['Item']
```

注意,只用几行代码就可以从数据库中检索数据,而不需要日志代码!

通过下面的录屏了解如何使用 AWS DynamoDB。

视频链接:https://www.youtube.com/watch?v=gTHE6X5fce8。

5.5 图形数据库

另一个专业数据库是图形数据库。当我还是一家体育社交网络的 CTO 时,我们使用了一个名为 Neo4j[⊖]的图形数据库,使社交图形查询变得更为可行。它还让我们

───────────────
⊖ https://www.mongodb.com

能够更快地围绕数据科学构建产品。

5.5.1 为什么不是关系型数据库而是图形数据库

关系数据并不适合关系型数据库。这里有一些例子（这些想法归功于加州大学伯克利分校的约书亚·布鲁门斯托克（Joshua Blumenstock）[一]）：

- 考虑用于选取个人所有三级联系人的社交网络的 SQL 查询。
- 想象一下需要的连接数。
- 考虑用于获取个人完整社交网络的 SQL 查询。
- 想象一下需要的递归连接数。

关系型数据库擅长表示一对多的关系，即一个表连接到多个表。模仿现实生活中的关系（比如社交网络中的朋友或关注者）要复杂得多，而且更适合使用图形数据库。

5.5.2 AWS Neptune

亚马逊云还有一个名为 Amazon Neptune[一]的图形数据库（如图 5.3 所示），其具有与 Neo4j 类似的属性。

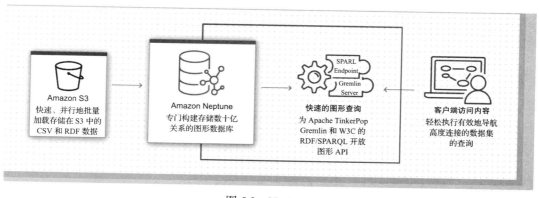

图 5.3　Neptune

[一] https://www.ischool.berkeley.edu/people/joshua-blumenstock
[一] https://aws.amazon.com/neptune/

5.5.3 Neo4j

通过在 Neo4j 提供的沙箱中进行试验，你可以了解更多关于 Neo4j 的信息。下面的图形教程主要基于其官方文档，你可以在下面的链接中找到。

❑ Neo4j 网站：https://neo4j.com/。
❑ Neo4j 沙箱：https://neo4j.com/sandbox-v2/?ref=hcard。

图形数据库事实
让我们深入了解一些关键的图形数据库的事实。

图形数据库可以存储：

❑ 节点：图形数据记录。
❑ 关系 – 连接节点。
❑ 属性 – 命名的数据值。

1. 最简单的图形
最简单的图形包括：

❑ 一个节点。
❑ 一些属性。

如何创建图形（如图 5.4 所示）：

1）为节点画一个圆。
2）加上名字 Emil。
3）标注他来自瑞典。

图 5.4　一个简单的图形

图形还有以下特性：

❑ 节点是图形中数据记录的名称。
❑ 数据作为属性来存储。
❑ 属性是简单的名称 / 值对。

2. 标签

"节点"通过给每个成员打一个标签来分组。在社交图中，我们将标记每个代表一个人的节点（如图 5.5 所示）。

图 5.5　节点

1）为我们给 Emil 创建的节点打一个标签"Person"。
2）将"Person"节点涂成红色。

请注意：

❑ 一个节点可以有零个或多个标签。
❑ 标签没有任何属性。

3. 多个节点

与任何数据库一样，在 Neo4j 中存储数据就像添加多个记录一样简单。我们将再添加几个节点（如图 5.6 所示）：

1）Emil 的 Klout 得分为 99。
2）Johan，来自瑞典，他正在学习冲浪。
3）Ian，来自英国，他是一位作家。
4）Rik，来自比利时，他有一只叫 Orval 的猫。
5）Allison，来自加利福尼亚，他喜欢冲浪。

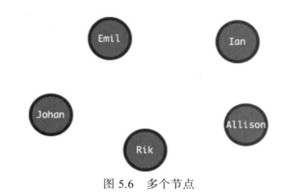

图 5.6　多个节点

请注意：

❏ 相似的节点可以具有不同的属性。

❏ 属性可以是字符串、数字或布尔值。

❏ Neo4j 可以存储数十亿个节点。

4. 关系

Neo4j 真正强大的地方在于连接的数据。若要关联任意两个节点，请添加一个关系，来描述记录是如何关联的。

在我们的社交图中，人与人的关联是谁认识谁（如图 5.7 所示）：

1）Emil 认识 Johan 和 Ian。

2）Johan 认识 Ian 和 Rik。

3）Rik 和 Ian 认识 Allison。

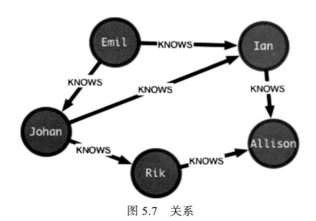

图 5.7　关系

请注意：

❑ 关系是有方向的。

❑ 关系只有一种类型。

❑ 关系形成数据模式。

5. 关系属性

在属性图中，关系是可以包含属性的数据记录。仔细观察 Emil 的关系（参见图 5.8），你可以注意到：

1）Emil 2001 年就认识 Johan 了。

2）Emil 给 Johan 评为 5 分（满分 5 分）。

3）其他人也可以有相似的关系属性。

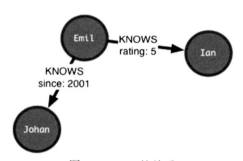

图 5.8 Emil 的关系

关键图形算法（使用 Neo4j）

图形数据库的一个重要部分是它们具有不同的描述性统计数据。以下是这些独特的描述性统计数据：

❑ **中心性**：网络中最关键的节点是什么？ PageRank、中介中心性、接近中心性。

❑ **社区检测**：如何对图形进行划分？联合查找、Louvain、标签传播、连接组件。

❑ **寻路**：考虑到成本，最短路径或最佳路径是什么？最小权重生成树、所有对最短路径和单源最短路径、迪杰斯特拉（Dijkstra）。

让我们看一下执行此操作的 Cypher 代码。

```
1  CALL dbms.procedures()
2  YIELD name, signature, description
```

```
3  WITH * WHERE name STARTS WITH "algo"
4  RETURN *
```

Russian Troll 攻略 [演示]

Neo4j 网站上比较好的沙箱示例之一是 Russian Troll 数据集。要运行一个示例，请在沙箱中运行这个 cipher 代码。

```
1  :play https://guides.neo4j.com/sandbox/twitter-trolls/index.html
```

1. 使用 Neo4j 寻找顶级钓鱼者

你可以继续寻找"钓鱼者"(troll)，即在下面的例子中是在社交媒体上制造麻烦的人。

❑ 冒充田纳西州共和党人的俄罗斯推特账号愚弄名人和政客⊖。

推特在 2017 年 8 月关闭了账户 @Ten_GOP，而一些知名人士，包括迈克尔·弗林（Michael Flynn）和罗杰·斯通（Roger Stone）等政治人物、尼基·米娜（Nicki Minaj）和詹姆斯·伍兹（James Woods）等名人，以及安妮·库尔特（Anne Coulter）和克里斯·海斯（Chris Hayes）等媒体人士，都转发了该账户发布的链接。值得注意的是，这些人中至少有两人也曾被判重罪，然后被赦免，这使得数据集更加有趣。

"thanks obama"的 Neo4j 界面的截图如图 5.9 所示。

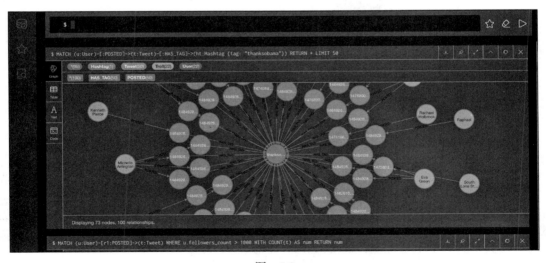

图　5.9

⊖ https://www.chicagotribune.com/business/blue-sky/ct-russian-twitter-account-tennessee-gop-20171018-story.html

2. 钓鱼者的 Pagerank 得分

有一个在 Colab Notebook 上的代码攻略，称为社交网络理论[⊖]，以供参考。

```
1  def enable_plotly_in_cell():
2    import IPython
3    from plotly.offline import init_notebook_mode
4    display(IPython.core.display.HTML('''
5        <script src="/static/components/requirejs/require.js"></script>
6    '''))
7    init_notebook_mode(connected=False)
```

从 Neo4j 导出钓鱼者，然后装载到 Pandas。

```
1  import pandas as pd
2  import numpy as np
3
4  df = pd.read_csv("https://raw.githubusercontent.com/noahgift/essential_machine_learn
5  ing/master/pagerank_top_trolls.csv")
6  df head()
```

输出如图 5.10 所示。

Out[5]:		troll	pagerank
0		TEN_GOP	10.458897
1		TheFoundingSon	8.349596
2		GiselleEvns	6.532926
3		tpartynews	6.378540
4		ChrixMorgan	4.263299

图　5.10

接下来，使用 Plotly 进行数据绘图。

```
1  import plotly.offline as py
2  import plotly.graph_objs as go
3
4  from plotly.offline import init_notebook_mode
5  enable_plotly_in_cell()
6  init_notebook_mode(connected=False)
7
8
9  fig = go.Figure(data=[go.Scatter(
10     x=df.pagerank,
11     text=df.troll,
12     mode='markers',
```

⊖ https://github.com/noahgift/cloud-data-analysis-at-scale/blob/master/social_network_theory.ipynb

```
13    marker=dict(
14        color=np.log(df.pagerank),
15        size=df.pagerank*5),
16  )])
17  py.iplot(fig, filename='3d-scatter-colorscale')
```

输出如图 5.11 所示。

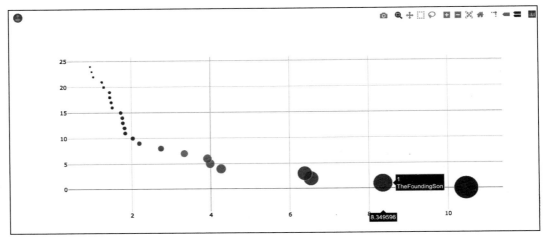

图　5.11

3. 钓鱼者 hashtag（推特上的 # 号标签）排名

```
1  import pandas as pd
2  import numpy as np
3
4  df2 = pd.read_csv("https://raw.githubusercontent.com/noahgift/essential_machine_lear\
5  ning/master/troll-hashtag.csv")
6  df2.columns = ["hashtag", "num"]
7  df2.head()
```

输出如图 5.12 所示。

Out[7]:	hashtag	num
0	p2	143
1	trump	85
2	foke	84
3	maga	83
4	nowplaying	67

图　5.12

现在绘制这些钓鱼者 hashtag。

```
1  import plotly.offline as py
2  import plotly.graph_objs as go
3
4  from plotly.offline import init_notebook_mode
5  enable_plotly_in_cell()
6  init_notebook_mode(connected=False)
7
8
9  fig = go.Figure(data=[go.Scatter(
10     x=df.pagerank,
11     text=df2.hashtag,
12     mode='markers',
13     marker=dict(
14         color=np.log(df2.num),
15         size=df2.num),
16  )])
17  py.iplot(fig)
```

你可以看到这些钓鱼者喜欢用 #maga 这个 hashtag，如图 5.13 所示。

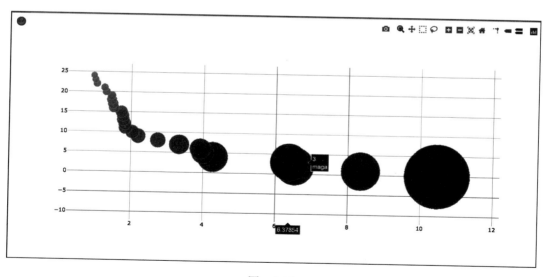

图   5.13

图形数据库参考资料

以下是一些额外的参考资料。

❏ The Anatomy of a Large-Scale Hypertextual Web Search Engine[⊖]
❏ Graph Databases，2nd Edition[⊖]
❏ Neo4j[⊜]

5.5.4 大数据的三个 "V"

定义大数据的方法有很多。大数据的一种描述是，它太大了，无法在笔记本电脑上处理。你的笔记本电脑不是真实的世界。当学生们在某行业找到一份工作时，他们常常会惊讶地发现，他们在学校里所学到的方法在现实世界中并不适用！

通过下面的录屏了解什么是大数据。

视频链接：https://www.youtube.com/watch?v=2-MrUUj0E-Q。

另一种描述是大数据有三个 "V"：多样性（Variety）、速度（Velocity）和体量（Volume）（参见图 5.14）。

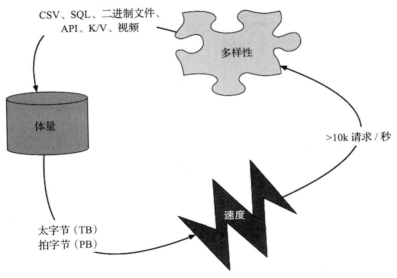

图 5.14 大数据的挑战

⊖ http://infolab.stanford.edu/~backrub/google.html
⊖ https://learning.oreilly.com/library/view/graph-databases-2nd/9781491930885/
⊜ https://neo4j.com/blog/story-behind-russian-twitter-trolls/

通过下面的录屏了解大数据的三个"V"。

视频链接：https://www.youtube.com/watch?v=qXBcDqSy5GY。

1. 多样性

在大数据中，处理多种类型的数据是一项巨大的挑战。以下是一些在大数据问题中处理的文件类型的例子。

❑ 非结构化文本
❑ CSV 文件
❑ 二进制文件
❑ 大数据文件——Apache Parquet
❑ 数据库文件
❑ SQL 数据

2. 速度

大数据中的另一个关键问题是数据的速度。一些问题包括：数据流是否以每秒数万条记录的速度写入？是否有许多数据流同时写入？数据的速度是否会导致收集数据的节点出现性能方面的问题？

3. 体量

数据的实际大小是否超过了工作站所能够处理的范畴？也许你的笔记本电脑无法将 CSV 文件加载到 Python `pandas` 包中。这个问题可能就是大数据，也就是说，它不能在你的笔记本电脑上工作。1 PB 是大数据，100 GB 也可能是大数据，这取决于处理能力。

5.6 批处理数据与流数据和机器学习

一个关键的技术问题是批处理数据与流数据。如果数据处理发生在批处理作业中，那么构建和调试数据工程解决方案就容易得多。如果数据是流式的，那么它会增加构建数据工程解决方案的复杂性，并限制其方法。

1. 对机器学习管道的影响

批处理对比流的一个方面是，在批处理中对模型训练有更多的控制（可以决定何时重新训练）。另一方面，不断地对模型进行重复训练，可能得到更好的预测结果，也可能得到更差的预测结果。例如，输入流的用户突然增加了还是减少了？ A/B 测试场景是如何工作的？

2. 批处理

批处理数据的特征是什么？

❑ 每隔一段时间对数据进行批处理。
❑ 创建预测的最简单方法。
❑ AWS 上的许多都服务都能够进行批处理，包括 AWS Glue、AWS Data Pipeline、AWS Batch 和 EMR。

3. 流

流数据的特征是什么？

❑ 连续轮询或推送。
❑ 更复杂的预测方法。
❑ AWS 上的许多服务都支持流，包括 Kinesis、IoT 和 Spark EMR。

5.7　云数据仓库

云的优点是无限计算和无限存储。云原生数据仓库系统还允许无服务器工作流，可以直接在数据湖上集成机器学习。它们也是开发商业智能解决方案的理想选择。

5.8　GCP BigQuery

GCP BigQuery 有很多值得推荐的地方。它是无服务器的，集成了机器学习，并且易于使用。下面将介绍 k-means 聚类教程⊖。

⊖ https://cloud.google.com/bigquery-ml/docs/kmeans-tutorial

当查询时，界面直观地返回结果，如图 5.15 所示。一个关键原因是使用了 SQL，并与谷歌云和谷歌 Data Studio[⊖]直接集成。

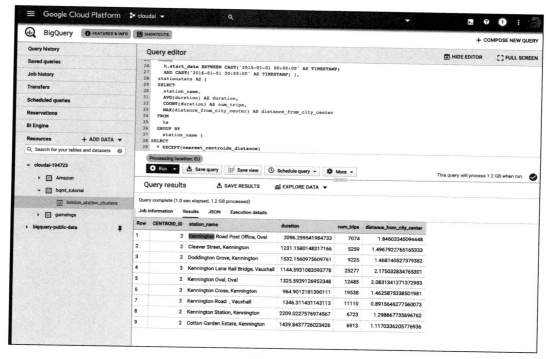

图 5.15

通过下面的录屏学习使用谷歌 BigQuery。

视频链接：https://www.youtube.com/watch?v=eIec2DXqw3Q。

更好的是，你可以使用 SQL 语句直接训练机器学习模型。此工作流显示了云数据库服务的一个新兴趋势，它们既允许你查询数据，也允许你训练模型。在本例中，kmeans 部分是最神奇的地方。

```
1  CREATE OR REPLACE MODEL
2    bqml_tutorial.london_station_clusters OPTIONS(model_type='kmeans',
3      num_clusters=4) AS
4  WITH
5    hs AS (
```

⊖ https://datastudio.google.com/overview

```
 6  SELECT
 7    h.start_station_name AS station_name,
 8  IF
 9    (EXTRACT(DAYOFWEEK
10      FROM
11        h.start_date) = 1
12      OR EXTRACT(DAYOFWEEK
13      FROM
14        h.start_date) = 7,
15      "weekend",
16      "weekday") AS isweekday,
17    h.duration,
18    ST_DISTANCE(ST_GEOGPOINT(s.longitude,
19        s.latitude),
20      ST_GEOGPOINT(-0.1,
21        51.5))/1000 AS distance_from_city_center
22  FROM
23    `bigquery-public-data.london_bicycles.cycle_hire` AS h
24  JOIN
25    `bigquery-public-data.london_bicycles.cycle_stations` AS s
26  ON
27    h.start_station_id = s.id
28  WHERE
29    h.start_date BETWEEN CAST('2015-01-01 00:00:00' AS TIMESTAMP)
30    AND CAST('2016-01-01 00:00:00' AS TIMESTAMP) ),
31  stationstats AS (
32  SELECT
33    station_name,
34    isweekday,
35    AVG(duration) AS duration,
36    COUNT(duration) AS num_trips,
37    MAX(distance_from_city_center) AS distance_from_city_center
38  FROM
39    hs
40  GROUP BY
41    station_name, isweekday)
42  SELECT
43    * EXCEPT(station_name, isweekday)
44  FROM
45    stationstats
```

最后，当 k-means 聚类模型进行训练时，评估指标也会出现在控制台上，如图 5.16 所示。

通常，最后有意义的一步是获取结果，然后将其导出到商业智能（Business

Intelligence，BI）工具 Data Studio[⊖]中（如图 5.17 所示）。

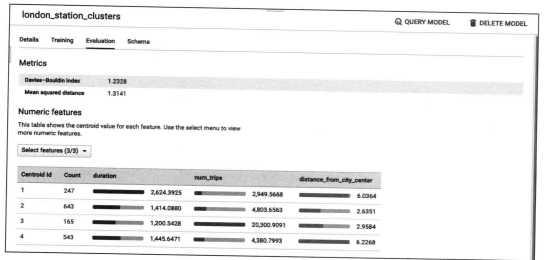

图　5.16

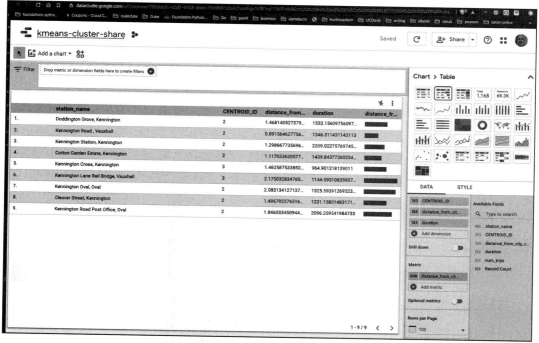

图　5.17

⊖　https://datastudio.google.com/u/0/

图 5.18 展示了谷歌 BigQuery 中集群可视化导出到谷歌 Data Studio 中的样子。

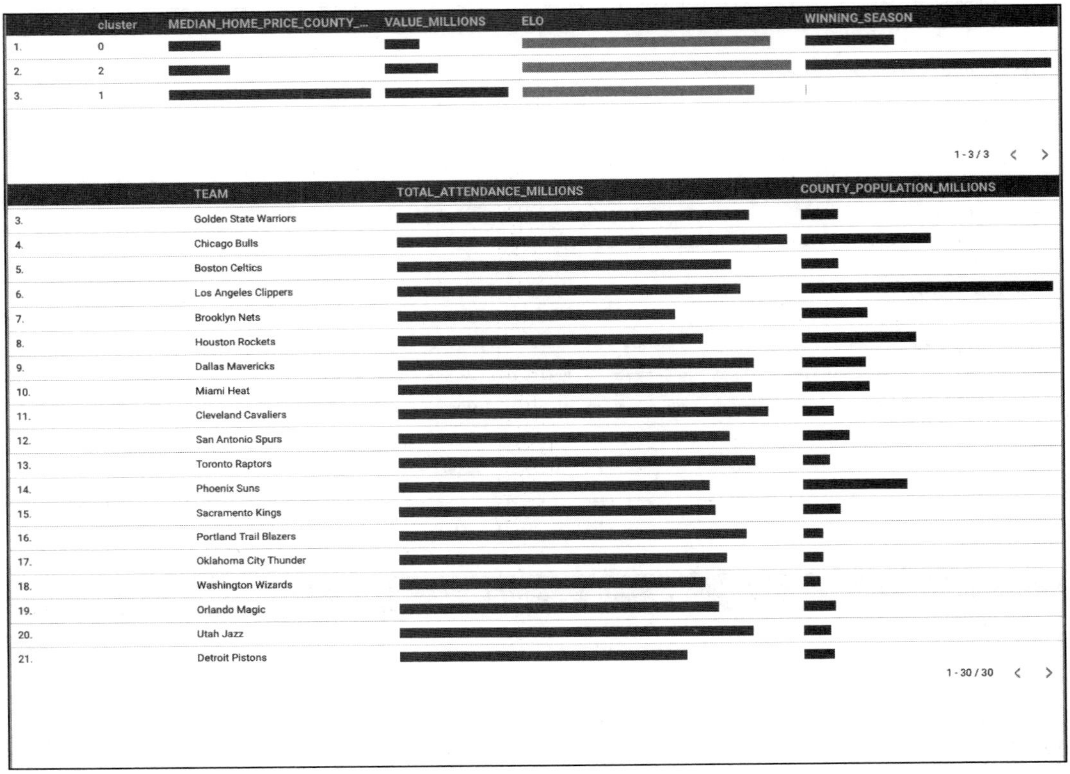

	cluster	MEDIAN_HOME_PRICE_COUNTY_...	VALUE_MILLIONS	ELO	WINNING_SEASON
1.	0				
2.	2				
3.	1				

1 - 3 / 3 < >

	TEAM	TOTAL_ATTENDANCE_MILLIONS	COUNTY_POPULATION_MILLIONS
3.	Golden State Warriors		
4.	Chicago Bulls		
5.	Boston Celtics		
6.	Los Angeles Clippers		
7.	Brooklyn Nets		
8.	Houston Rockets		
9.	Dallas Mavericks		
10.	Miami Heat		
11.	Cleveland Cavaliers		
12.	San Antonio Spurs		
13.	Toronto Raptors		
14.	Phoenix Suns		
15.	Sacramento Kings		
16.	Portland Trail Blazers		
17.	Oklahoma City Thunder		
18.	Washington Wizards		
19.	Orlando Magic		
20.	Utah Jazz		
21.	Detroit Pistons		

1 - 30 / 30 < >

图　5.18

你可以在 https://datastudio.google.com/reporting/1OUz1TO2gjN3HI4znhDXQR3cN9 giwnCPa/page/4pFu 中查看报告。

GCP BigQuery 总结

简而言之，GCP BigQuery 对于数据科学和商业智能来说是一个非常有用的工具。以下是一些主要特性。

❑ 无服务器
❑ 大量公共数据集
❑ 集成的机器学习
❑ 与 Data Studio 集成

❑ 直观
❑ 基于 SQL

5.9 AWS Redshift

AWS Redshift[⊖]是 AWS 设计的云数据仓库。Redshift 的主要特性包括通过柱状设计在数秒之内查询 EB（1 EB=1024 PB）级数据的能力。在实践中，这意味着无论对于何种数据大小，其都具有优异的性能。

通过下面的录屏学习使用 AWS Redshift。

视频链接：https://www.youtube.com/watch?v=vXSH24AJzrU。

5.9.1 Redshift 工作流中的关键操作

一般来说，关键操作在 Redshift 入门指南[⊖]中都进行了描述。以下是设置工作流的关键步骤。

1. 集群设置

1）IAM 角色配置（角色可以做什么？）。

2）设置安全组（即开放端口 5439）。

3）设置模式。

```
1    create table users(
2    userid integer not null distkey sortkey,
3    username char(8),
```

4）从 S3 拷贝数据。

```
1    copy users from 's3://awssampledbuswest2/tickit/allusers_pipe.txt'
2    credentials 'aws_iam_role=<iam-role-arn>'
3    delimiter '|' region 'us-west-2';
```

⊖ https://aws.amazon.com/redshift/?whats-new-cards.sort-by=item.additionalFields.postDateTime&whats-new-cards.sort-order=desc

⊖ https://docs.aws.amazon.com/redshift/latest/gsg/getting-started.html

2. 查询

```
1    SELECT firstname, lastname, total_quantity
2    FROM
3    (SELECT buyerid, sum(qtysold) total_quantity
4    FROM  sales
5    GROUP BY buyerid
6    ORDER BY total_quantity desc limit 10) Q, users
7    WHERE Q.buyerid = userid
8    ORDER BY Q.total_quantity desc;
```

5.9.2 AWS Redshift 总结

AWS Redshift 的高级特性如下。

❑ 大多数是可管理的
❑ 与 AWS 深度集成
❑ 柱状
❑ Oracle 和 GCP BigQuery 的竞争对手
❑ 可预测在海量数据集上的性能

5.10   总结

本章介绍了存储，包括对象存储、块存储、文件系统以及数据库。云计算的一个独特特征是能够同时使用许多工具来解决问题。这一优势在云存储和云数据库方面发挥了很大的作用。

第 6 章 *Chapter 6*

无服务器 ETL 技术

无服务器技术令人兴奋，因为如果没有云计算，它就不存在。云原生术语之所以出现，是因为它们是分布式、弹性计算环境所提供的"原生"能力。"无服务器"这个词的意思是在解决问题时，服务器并不是最重要的。如果你像我一样喜欢快速解决问题，那么你将会爱上无服务器。想法变成了代码，而代码变成了解决方案。

开始学习本章示例的一种方法是观看下面使用 AWS 和 GCP 的无服务器的录屏。源代码在 GitHub repo 中：https://github.com/noahgift/serverless-cookbook。

视频链接：https://www.youtube.com/watch?v=SpaXekiDpFA。

6.1　AWS Lambda

AWS Lambda 是 AWS 上很多东西的构建块。在深入研究无服务器技术时，这是一个很好的起点。首先，让我们深入了解一下在使用 AWS Lambda 时，幕后都发生了什么。如图 6.1 所示，可以通过多种方式打开车库里的灯，例如通过电灯开关，或者开车库门的事件。Lambda 也对许多信号做出响应。

图 6.1 事件

通过下面的录屏学习如何将 AWS Lambda 理解为车库的灯。

视频链接：https://www.youtube.com/watch?v=nNKYwxf96bk。

可以通过一个简单的例子学习如何使用 Lambda 函数。

通过下面的录屏学习如何构建一个 Marco Polo Lambda 函数。

视频链接：https://www.youtube.com/watch?v=AlRUeNFuObk。

示例代码如下所示。Marco 的 gist 参见 https://gist.github.com/noahgift/3b51e8d80
0ea601bb54d093c7114f02e。

```
1  def lambda_handler(event, context):
2    if event["name"] == "Marco":
3      return "Polo"
```

从 CLI 调用 AWS Lambda
一个方便的做法是使用 AWS Cloud Shell 或 AWS Cloud9 环境来调用 AWS Lambda。
怎么做呢？

```
1  aws lambda invoke --function-name MarcoPolo9000 --payload '{"name": "Marco" }' out.t\
2  xt | less out.txt
```

实际的例子在 GitHub 里：https://github.com/noahgift/serverless-cookbook/blob/main/marco-polo-lambda.py。

AWS Step Function

注意，你也可以使用 AWS Step Function[⊖]将这些函数链接在一起。你可以在图 6.2 中看到 Lambda 函数链工作流的一个示例。

下面是示例的代码。Polo 的 gist 参见 https://gist.github.com/noahgift/f2f5f2bc56a3f39bf16de61dbc2988ec。

```
1  def lambda_handler(event, context):
2    if event["name"] == "Polo":
3      return "Marco"
```

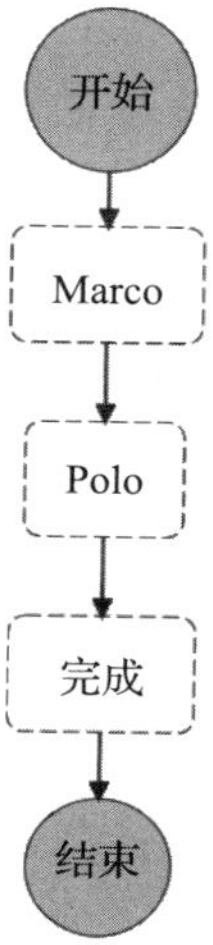

图 6.2　Lambda 函数链工作流示例

注意每个函数是如何发出一个输出然后转到下一个操作的。下面的代码示例在 GitHub 中：https://github.com/noahgift/serverless-cookbook/blob/main/marco-polo-step-function.json。

```
1  {
2    "Comment": "This is Marco Polo",
3    "StartAt": "Marco",
4    "States": {
5      "Marco": {
6        "Type": "Task",
7        "Resource": "arn:aws:lambda:us-east-1:561744971673:function:marco20",
8        "Next": "Polo"
9      },
10     "Polo": {
11       "Type": "Task",
12       "Resource": "arn:aws:lambda:us-east-1:561744971673:function:polo",
13       "Next": "Finish"
14     },
15     "Finish": {
16       "Type": "Pass",
17       "Result": "Finished",
18       "End": true
19     }
```

⊖　https://aws.amazon.com/step-functions/

```
20    }
21  }
```

你可以在下面的录屏中看到一个 Marco Polo Step Function。

视频链接：https://www.youtube.com/watch?v=neOF0sxmYjY。

另一个很好的参考是 Web Scraping Pipeline GitHub 项目[一]。

6.2　使用 AWS Cloud9 开发 AWS Lambda 函数

Cloud9 内置了许多功能，使得使用 AWS Lambda 进行开发变得更加容易。这些功能包括调试、导入远程 Lambda 函数和向导。

通过下面的录屏学习如何使用 AWS Cloud9 开发 AWS Lambda 函数。

视频链接：https://www.youtube.com/watch?v=QlIPPNxd7po。

6.2.1　构建一个 API

下面的代码通过 API Gateway（网关）创建一个 API。

Python Lambda API Gateway 示例

```python
1   import json
2   import decimal
3
4
5   def lambda_handler(event, context):
6
7     print(event)
8     if 'body' in event:
9       event = json.loads(event["body"])
10
11    amount = float(event["amount"])
12    res = []
13    coins = [1,5,10,25]
14    coin_lookup = {25: "quarters", 10: "dimes", 5: "nickels", 1: "pennies"}
15    coin = coins.pop()
16    num, rem  = divmod(int(amount*100), coin)
```

─　https://github.com/noahgift/web_scraping_python

```
17    res.append({num:coin_lookup[coin]})
18    while rem > 0:
19      coin = coins.pop()
20      num, rem = divmod(rem, coin)
21      if num:
22        if coin in coin_lookup:
23          res.append({num:coin_lookup[coin]})
24
25    response = {
26      "statusCode": "200",
27      "headers": { "Content-type": "application/json" },
28      "body": json.dumps({"res": res})
29    }
30
31    return response
```

6.2.2　构建一个无服务器数据工程管道

AWS Lambda 的一个强大用例是构建无服务器数据工程管道，如图 6.3 所示。

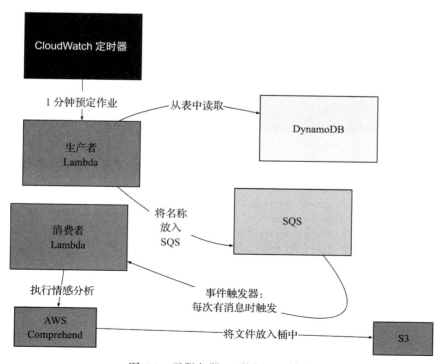

图 6.3　无服务器 AI 数据工程管道

通过下面的录屏了解如何构建一个无服务器数据工程管道。

视频链接：https://www.youtube.com/watch?v=zXxdbtamoa4。

可以参考这个 GitHub 项目来了解 AWS Lambda：https://github.com/noahgift/awslambda。

6.2.3 使用 AWS Lambda 在 AWS S3 桶上实现计算机视觉

AWS Lambda 的另一个方便的特性是运行代码来响应放置在 Amazon S3 中的对象，比如图像。在本例中，AWS 计算机视觉 API 检测桶中任何图像上的标签。

```python
1   import boto3
2   from urllib.parse import unquote_plus
3
4   def label_function(bucket, name):
5       """This takes an S3 bucket and a image name!"""
6       print(f"This is the bucketname {bucket} !")
7       print(f"This is the imagename {name} !")
8       rekognition = boto3.client("rekognition")
9       response = rekognition.detect_labels(
10          Image={"S3Object": {"Bucket": bucket, "Name": name,}},
11      )
12      labels = response["Labels"]
13      print(f"I found these labels {labels}")
14      return labels
15
16
17  def lambda_handler(event, context):
18      """This is a computer vision lambda handler"""
19
20      print(f"This is my S3 event {event}")
21      for record in event['Records']:
22          bucket = record['s3']['bucket']['name']
23          print(f"This is my bucket {bucket}")
24          key = unquote_plus(record['s3']['object']['key'])
25          print(f"This is my key {key}")
26
27      my_labels = label_function(bucket=bucket,
28          name=key)
29      return my_labels
```

6.2.4 练习：AWS Lambda Step Function

主题：构建一个 Step Function 管道。

预计时间：20 分钟。

人员：个人或最终项目团队。

Slack 频道：#noisy-exercise-chatter。

方向：

❑ **基本版本**：创建一个 AWS Lambda 函数，其接受一个输入，并在 Step Function 中运行。

❑ **高级版本**：创建一个 AWS Lambda 函数，其接受一个输入，并在 Step Function 中运行，然后将输出发送给另一个 AWS Lambda。请参见前面的 Marco Polo Step Function。

❑ 在 Slack 上分享截图 + 要点。

6.3　函数即服务

函数是云计算的核心。实际上，这意味着任何函数都可以映射成解决问题的技术（如图 6.4 所示）：容器、Kubernetes、GPU 等。

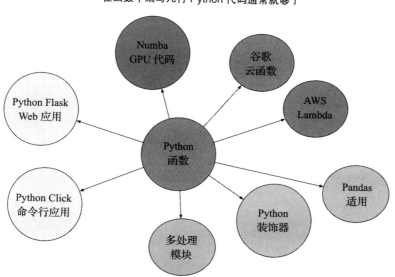

图 6.4　Python 函数

6.4 AWS Lambda 的 Chalice 框架

开发无服务器的 AWS 应用的另一种选择是使用 Chalice 框架⊖。下面是入门介绍。

1）创建证书。

```
1  $ mkdir ~/.aws
2  $ cat >> ~/.aws/config
3  [default]
4  aws_access_key_id=YOUR_ACCESS_KEY_HERE
5  aws_secret_access_key=YOUR_SECRET_ACCESS_KEY
6  region=YOUR_REGION (such as us-west-2, us-west-1, etc)
```

2）设置一个项目。

```
1  python3 -m venv ~/.hello && source ~/.hello/bin/activate
2  chalice new-project hello && hello
```

检查 app.py 文件：

```
1  from chalice import Chalice
2
3  app = Chalice(app_name='hello')
4
5
6  @app.route('/')
7  def index():
8      return {'hello': 'world'}
```

3）本地运行。

```
1  (.chalicedemo) ec2-user:~/environment/helloworld4000 $ chalice local
2  Serving on http://127.0.0.1:8000
```

注意，这个框架可以实现高级技巧。它还可以定时运行 Lambda。

```
1  from chalice import Chalice, Rate
2
3  app = Chalice(app_name="helloworld")
4
5  # Automatically runs every 5 minutes
6  @app.schedule(Rate(5, unit=Rate.MINUTES))
7  def periodic_task(event):
8      return {"hello": "world"}
```

⊖ https://github.com/aws/chalice

它还可以运行事件驱动的 Lambda。

```
1    from chalice import Chalice
2
3    app = Chalice(app_name="helloworld")
4
5    # Whenever an object uploads to 'mybucket'
6    # this lambda function will be invoked.
7
8    @app.on_s3_event(bucket='mybucket')
9    def handler(event):
10       print("Object uploaded for bucket: %s, key: %s"
11             % (event.bucket, event.key))
```

6.5　谷歌云函数

谷歌云函数与 AWS Lambda 有很多共同之处。它们都通过调用函数来响应事件。

你可以通过下面的录屏了解谷歌云函数。

视频链接：https://www.youtube.com/watch?v=SqxdFykehRs。

为什么要在 GCP 上使用云函数？根据官方文档，用例包括 ETL、Webhook、API、移动后端和物联网（IoT），如表 6.1 所示。

表　6.1

用例	描述
数据处理 /ETL	监听并响应云存储事件，例如创建、更改或删除文件。处理图像、执行视频转码、验证和转换数据，并从云函数调用互联网上的任何服务
Webhook	通过一个简单的 HTTP 触发器，响应来自第三方系统（如 GitHub Slack、Stripe 或任何可以发送 HTTP 请求的地方）的事件
轻量级 API	使用轻量级的、松耦合的逻辑来组建应用，这些逻辑可以快速构建并立即扩展。你的函数可以是事件驱动的，也可以通过 HTTP/S 直接调用
移动后端	使用谷歌为应用开发人员开发的移动平台 Firebase，并在云函数中编写移动后端。监听并响应来自 Firebase Analytics、实时数据库、身份验证和存储的事件
IoT	想象一下，成千上万的设备将数据流到云发布 / 订阅中，从而启动云函数来处理、转换和存储数据。云函数可以让你以一种完全无服务器的方式进行操作

编辑器允许你动态添加"包"，如图 6.5 所示。

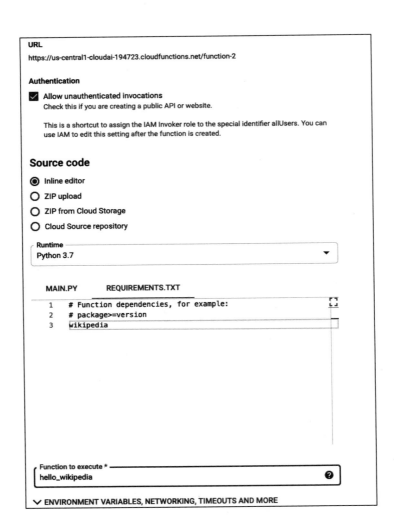

图　6.5

```
1   import wikipedia
2
3   def hello_wikipedia(request):
4       """Takes JSON Payload {"entity": "google"}
5       """
6       request_json = request.get_json()
7
8       if request_json and 'entity' in request_json:
9           entity = request_json['entity']
10          print(entity)
11          res = wikipedia.summary(entity, sentences=1)
12          return res
```

```
13      else:
14          return f'No Payload'
```

一旦部署了谷歌云函数，它就会在控制台上运行，如图 6.6 所示。

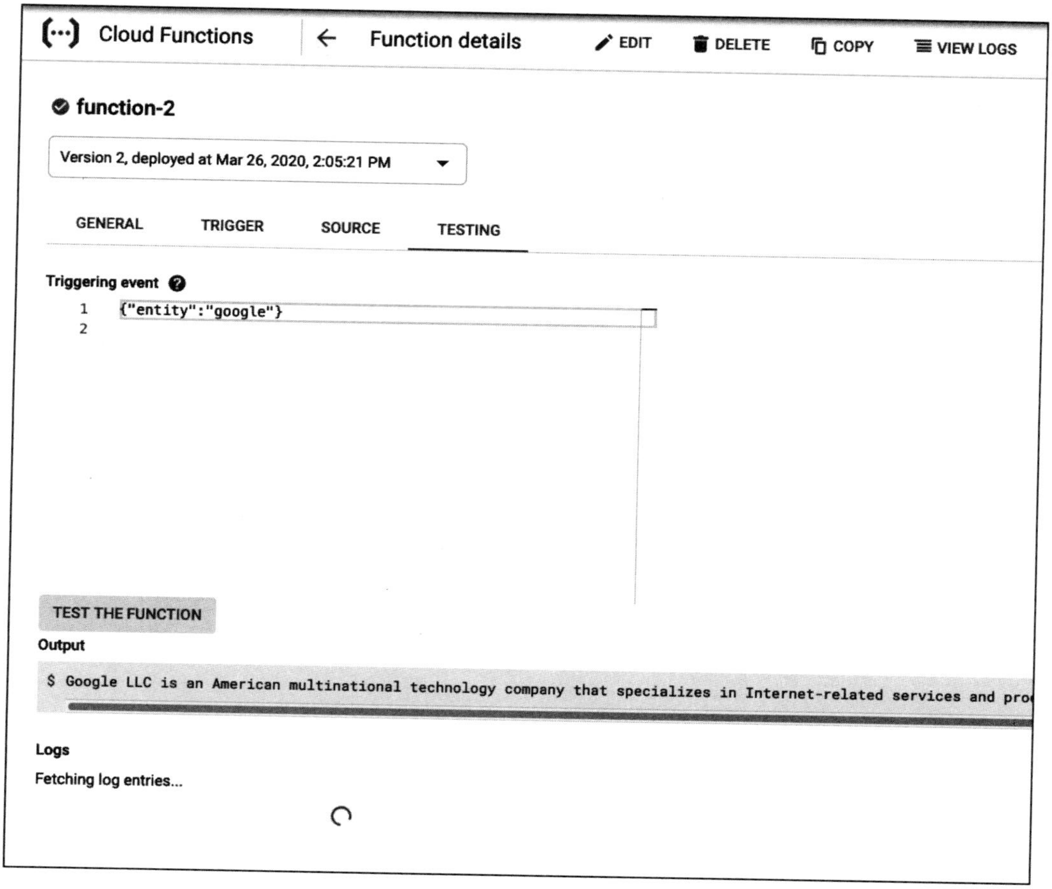

图　6.6

日志显示在 GCP 平台上，如图 6.7 所示。这是显示 print 语句的地方。

注意，GCP 控制台也可以调用相同的函数。首先，对它执行 describe，并确保它已部署，如图 6.8 所示。

```
1  gcloud functions describe function-2
```

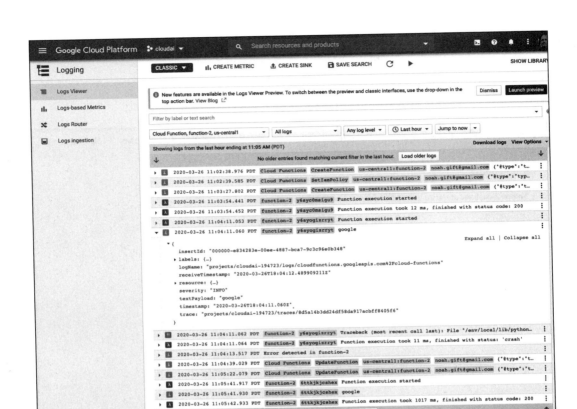

图 6.7

图 6.8

接下来，我们可以从终端调用它，这对于基于数据科学的工作流来说是非常强大的。

```
1  gcloud functions call function-2 --data '{"entity":"google"}'
```

结果如图 6.9 所示。

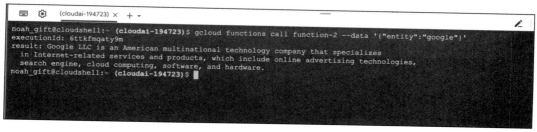

图 6.9

现在，让我们试一家新公司，这次是 Facebook。

```
1  gcloud functions call function-2 --data '{"entity":"facebook"}'
```

输出显示如下。

```
1  executionId: 6ttk1pjc1q14
2  result: Facebook is an American online social media and social networking service
3    based in Menlo Park, California and a flagship service of the namesake company Fac\
4  ebook,
5    Inc.
```

我们能更进一步去调用 AI API 吗？

首先，将这个库添加到 requirements.txt。

```
1  # Function dependencies, for example:
2  # package>=version
3  google-cloud-translate
4  wikipedia
```

接下来，运行这个函数。

```
1  import wikipedia
2
3  from google.cloud import translate
```

```
4
5   def sample_translate_text(text="YOUR_TEXT_TO_TRANSLATE", project_id="YOUR_PROJECT_ID\
6   "):
7       """Translating Text."""
8
9       client = translate.TranslationServiceClient()
10
11      parent = client.location_path(project_id, "global")
12
13      # Detail on supported types can be found here:
14      # https://cloud.google.com/translate/docs/supported-formats
15      response = client.translate_text(
16          parent=parent,
17          contents=[text],
18          mime_type="text/plain",  # mime types: text/plain, text/html
19          source_language_code="en-US",
20          target_language_code="fr",
21      )
22      # Display the translation for each input text provided
23      for translation in response.translations:
24          print(u"Translated text: {}".format(translation.translated_text))
25      return u"Translated text: {}".format(translation.translated_text)
26
27  def translate_test(request):
28      """Takes JSON Payload {"entity": "google"}
29      """
30      request_json = request.get_json()
31
32      if request_json and 'entity' in request_json:
33          entity = request_json['entity']
34          print(entity)
35          res = wikipedia.summary(entity, sentences=1)
36          trans=sample_translate_text(text=res, project_id="cloudai-194723")
37          return trans
38      else:
39          return f'No Payload'
```

结果如图 6.10 所示。

你能否将其进一步扩展，以接受一个负载，允许使用 GCP 支持的任何一种语言[⊖]？这段代码的 gist 参见 https://gist.github.com/noahgift/de40ac37b3d51b22835c9260 d41599bc。

⊖ https://cloud.google.com/translate/docs/languages

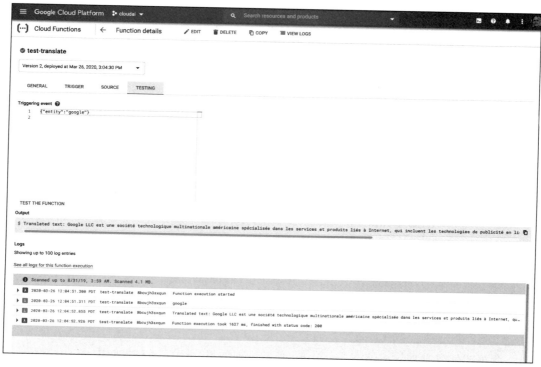

图 6.10

```python
1   import wikipedia
2
3   from google.cloud import translate
4
5   def sample_translate_text(text="YOUR_TEXT_TO_TRANSLATE",
6       project_id="YOUR_PROJECT_ID", language="fr"):
7       """Translating Text."""
8
9       client = translate.TranslationServiceClient()
10
11      parent = client.location_path(project_id, "global")
12
13      # Detail on supported types can be found here:
14      # https://cloud.google.com/translate/docs/supported-formats
15      response = client.translate_text(
16          parent=parent,
17          contents=[text],
18          mime_type="text/plain",  # mime types: text/plain, text/html
19          source_language_code="en-US",
20          target_language_code=language,
```

```
21          )
22          # Display the translation for each input text provided
23          for translation in response.translations:
24              print(u"Translated text: {}".format(translation.translated_text))
25          return u"Translated text: {}".format(translation.translated_text)
26
27      def translate_test(request):
28          """Takes JSON Payload {"entity": "google"}
29          """
30          request_json = request.get_json()
31          print(f"This is my payload {request_json}")
32          if request_json and 'entity' in request_json:
33              entity = request_json['entity']
34              language = request_json['language']
35              print(f"This is the entity {entity}")
36              print(f"This is the language {language}")
37              res = wikipedia.summary(entity, sentences=1)
38              trans=sample_translate_text(text=res,
39                  project_id="cloudai-194723", language=language)
40              return trans
41          else:
42              return f'No Payload'
```

此更改的要点是从 `request_json` 负载中抓取另一个值，在本例中是 `language`。触发器接受添加了 `language` 的新负载，如图 6.11 所示。

```
1   {"entity": "google", "language": "af"}
```

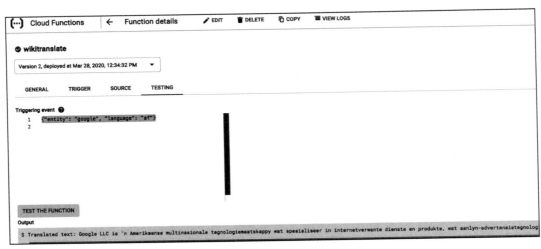

图　6.11

另一个需要提及的事情是，你可能也需要使用 curl 命令来测试云函数。下面是一个 curl 命令示例（你可能需要进行略微的调整）。

```
1  curl --header "Content-Type: application/json"  --request POST  --data '{"entity":\
2  "google"}' https://us-central1-<yourproject>.
3  cloudfunctions.net/<yourfunction>
```

参考 GCP Qwiklabs

Qwiklabs 有助于继续研究谷歌云函数。

❑ 云函数：Qwik Start——控制台[一]。
❑ 云函数：Qwik Start——命令行[二]。

6.6　Azure Flask 无服务器机器学习

除了运行函数，你还能做更多的事情吗？当然，在这个 GitHub Repository 示例[三]中，你可以看到如何使用持续交付来在 Azure App 上部署一个 Flask 机器学习应用（参见图 6.12）。

要在本地运行，请遵循以下步骤：

1）创建一个虚拟环境，并执行 source。

```
1  python3 -m venv ~/.flask-ml-azure
2  source ~/.flask-ml-azure/bin/activate
```

2）运行 make install。
3）运行 python app.py。
4）在另一个 shell 中运行 ./make_prediction.sh。

图 6.13 是一个成功的预测正在运行的样子。

[一] https://www.qwiklabs.com/focuses/1763?catalog_rank=%7B%22rank%22%3A1%2C%22num_filters%22%3A0%2C%22has_search%22%3Atrue%7D&parent=catalog&search_id=4929264
[二] https://google.qwiklabs.com/focuses/916?parent=catalog
[三] https://github.com/noahgift/flask-ml-azure-serverless

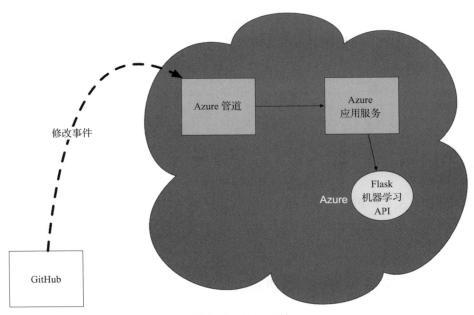

图 6.12　持续交付

```
Bash          ∨  ⊙ ? ⌂ ▭ ▭ {} ▭                                                           — ☐ ✕
{
    "URL": "http://flask-ml-service.azurewebsites.net",
    "appserviceplan": "noah_asp_Linux_centralus_0",
    "location": "centralus",
    "name": "flask-ml-service",
    "os": "Linux",
    "resourcegroup": "noah_rg_Linux_centralus",
    "runtime_version": "python|3.7",
    "runtime_version_detected": "-",
    "sku": "PREMIUMV2",
    "src_path": "//home//noah//flask-ml-azure-serverless"
}
(.flask-ml-azure) noah@Azure:~/flask-ml-azure-serverless$ ls
app.py  boston_housing_prediction.joblib  Makefile  make_predict_azure_app.sh  make_predict.sh  README.md  requirements.txt
(.flask-ml-azure) noah@Azure:~/flask-ml-azure-serverless$ vim make_predict_azure_app.sh
(.flask-ml-azure) noah@Azure:~/flask-ml-azure-serverless$ ./make_predict_azure_app.sh
Port: 443
{"prediction":[20.35373177134412]}
(.flask-ml-azure) noah@Azure:~/flask-ml-azure-serverless$ ▮
```

图 6.13　成功的预测

你可以通过下面的录屏了解 Azure Flask 无服务器部署。

视频链接：https://www.youtube.com/watch?v=3KF9DltYvZU。

6.7　Cloud ETL

云计算关注复杂的问题，让这些问题只需点击一下按钮即可解决。在"现实世界"中，你必须通过 ETL（提取、转移、加载）过程来自动化数据管道。

接下来，AWS Glue⊖为云存储桶编制索引，并创建一个可供 AWS Athena⊖使用的数据库。这有什么独特之处？

- ❑ 几乎没有代码（只需要少量 SQL 进行查询）
- ❑ 无服务器
- ❑ 自动化

下面是一个录屏，展示了 AWS Glue 和 AWS Athena 协同工作来对数据进行分类，并进行大规模搜索。

视频链接：https://www.youtube.com/watch?v=vqubkjfvx0Q。

6.8 使用 ETL 从零开始构建社交网络的现实问题

我曾在旧金山湾区担任一个体育社交网络的 CTO。我从零开始创建了这个社交网络，其间出现过一些重大的问题。

6.8.1 冷启动问题

如何独自创立一个社交网络并获得用户？这是一个冷启动问题，如图 6.14 所示。

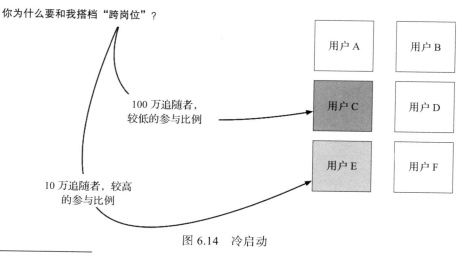

图 6.14 冷启动

⊖ https://aws.amazon.com/glue/
⊖ https://aws.amazon.com/athena/

6.8.2 从零开始构建社交网络机器学习管道

你如何预测社交媒体信号对平台的影响？可以构建社交网络机器学习管道，如图 6.15 所示。

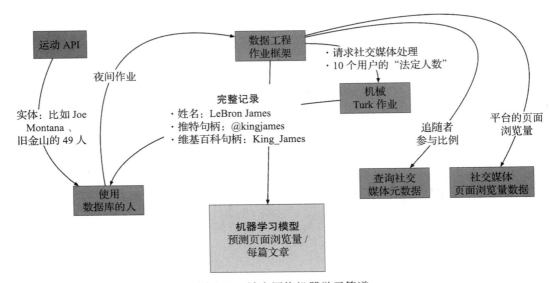

图 6.15 社交网络机器学习管道

机器学习预测管道的结果：如图 6.16 ～图 6.18 所示。

图 6.16 Brett Favre 破坏了我们的互联网

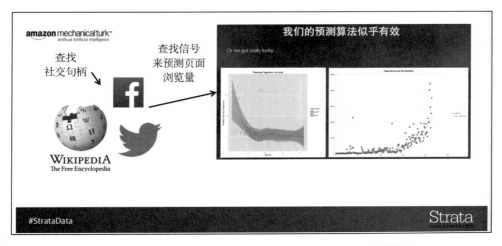

图 6.17　新的贡献者向机器学习的社交力量反馈循环提供信息

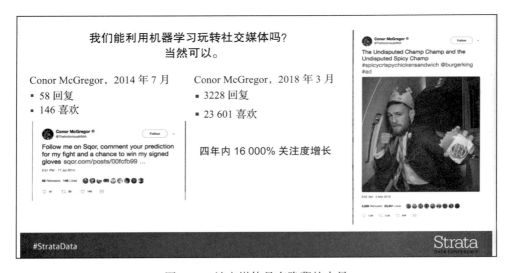

图 6.18　社交媒体具有隐藏的力量

经验总结

❑ 社交网络信号中有很多隐藏的力量。

❑ 在不购买任何传统广告的情况下发展平台是可能的。

❑ 谁真正有力量？名人还是社交平台？裂缝开始出现？

❑ 更多信息有待发现。

6.8.3　案例研究：如何构建一个新闻提要

❑ 应该关注多少用户？

❑ 提要中应该包含什么？

❑ 用什么算法来生成提要？

❑ 能得到一个 O(1) 查找的提要吗？提示：提前生成提要。

❑ 如果一个用户每天发布 1000 篇文章，但是你关注了 20 个用户，并且提要以
25 个结果为一页进行分页，该怎么办呢？

6.9　总结

本章介绍了云计算中的一项基本技术，即无服务器技术。所有主流的云平台都有
无服务器技术，因此有必要掌握这些技术。

第 7 章 Chapter 7

可管理的机器学习系统

7.1 Jupyter Notebook 工作流

Jupyter Notebook 正日益成为数据科学和机器学习项目的中心。所有主要供应商都有某种形式的 Jupyter 集成。有些任务是面向工程的，有些则是面向科学的，如图 7.1 所示。

面向科学的工作流的一个很好的例子是传统的基于数据科学工作流的 notebook（见图 7.2）。数据是收集来的，可以是来自从 SQL 查询到 GitHub 上托管的 CSV 文件的任何东西。

接下来，是使用可视化、统计和无监督机器学习的 EDA（Exploratory Data Analysis，探索性数据分析）。最后是建立机器学习模型，然后得出结论。

这种方法通常非常适合基于 markdown 的工作流，其中每个部分都是一个 Markdown 标题（参见图 7.3）。Jupyter Notebook 通常处于源代码管理中。这个 notebook 是源代码管理，还是一个文档？这一区别是一个重要的考虑因素，最好将其视为两者兼而有之。

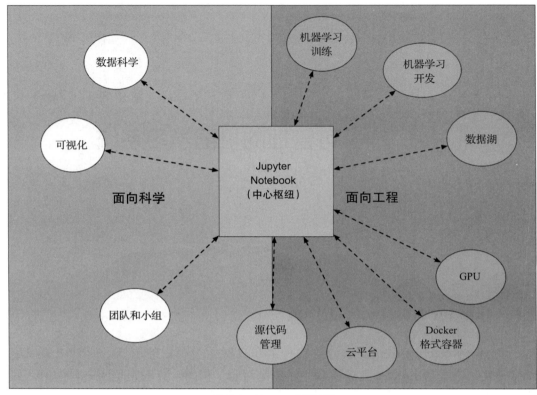

图 7.1 Jupyter 工作流

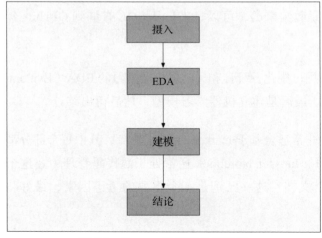

图 7.2 Jupyter 数据科学工作流

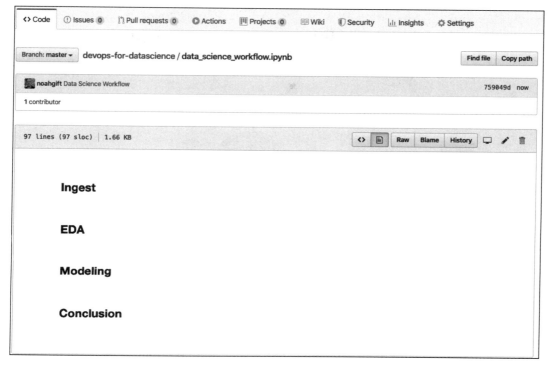

图 7.3　数据科学工作流

Jupyter Notebook 的 DevOps

DevOps 是一种流行的技术最佳实践，经常与 Python 结合使用[○]。DevOps 的核心是构建服务器。这个软件星系的守护者促进了自动化。这种自动化包括检验、测试、报告、构建以及部署代码。这个过程称为持续交付。DevOps 工作流程如图 7.4 所示。

持续交付的好处有很多。首先，测试过的代码总是处于可部署状态。最佳实践的自动化在软件项目中创建了一个不断改进的循环。如果你是一名数据科学家的话，就会遇到这样的问题：Jupyter Notebook 的源代码不是也是这样吗？它不会从这些相同的实践中获益吗？答案是肯定的。

　　○　https://www.amazon.com/Python-DevOps-Ruthlessly-Effective-Automation/dp/149205769X

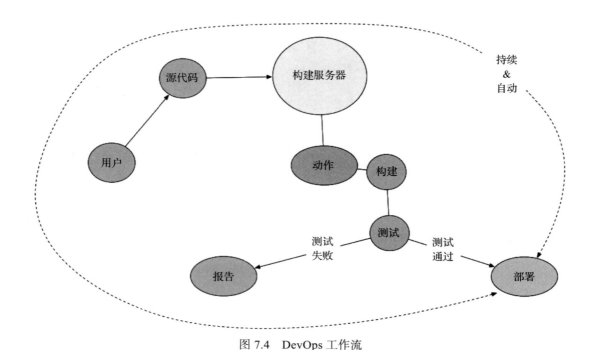

图 7.4 DevOps 工作流

图 7.5 为源代码管理中基于 Jupyter 的项目提供了一个建议的最佳实践目录结构。Makefile 保存有通过 make 命令 make test 等构建、运行和部署项目的配方。Dockerfile 包含了实际的运行时逻辑，这使得项目真正具有可移植性。

```
1   FROM python:3.7.3-stretch
2
3   # Working Directory
4   WORKDIR /app
5
6   # Copy source code to working directory
7   COPY . app.py /app/
8
9   # Install packages from requirements.txt
10  # hadolint ignore=DL3013
11  RUN pip install --upgrade pip &&\
12      pip install --trusted-host pypi.python.org -r requirements.txt
13
14  # Logic to run Jupyter could go here...
15  # Expose port 8888
16  #EXPOSE 8888
17
```

```
18    # Run app.py at container launch
19    #CMD ["jupyter", "notebook"]
```

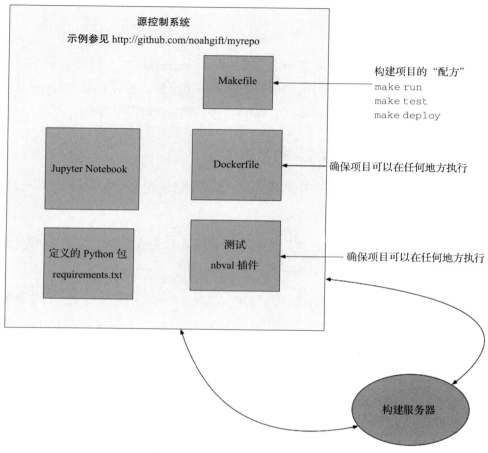

图 7.5　Jupyter 的 DevOps 工作流

Jupyter Notebook 本身可以通过 nbval 插件进行测试，如下所示。

```
1        python -m pytest --nbval notebook.ipynb
```

项目的需求在 requirements.txt 文件中。每当更改项目时，构建服务器都会提取更改，并在 Jupyter Notebook 单元上运行测试。

DevOps 不仅仅适用于软件项目。DevOps 是一个非常符合数据科学气质的最佳实践。为什么要猜测你的 notebook 是否可以正常工作，你的数据是否可以复制，或者其是否可以部署？

7.2　AWS Sagemaker 概述

最流行的可管理的机器学习系统之一是 AWS Sagemaker[1]。这个平台对于想要建立和维护大规模机器学习项目的组织机构来说是一个完整的解决方案。Sagemaker 大量使用了 MLOP（Machine Learning Operation，机器学习操作）的概念。

7.2.1　AWS Sagemaker 弹性架构

大规模的 Sagemaker 架构涉及很多方面。看看图 7.6 中每个组件是如何以云原生方式服务于某个目的的。

为了进一步分析这个架构，可以参考分析美国人口普查数据的示例[2]，以便使用 Amazon Sagemaker 来进行人口细分。

最后，你可以通过下面的录屏学习使用 AWS Sagemaker 来执行县人口普查聚类分析。

视频链接：https://www.youtube.com/watch?v=H3AcLM_8P4s。

7.2.2　练习：使用 Sagemaker

主题：建立一个基于 Sagemaker 的数据科学项目。
预计时间：45 分钟。
人员：个人或最终项目团队。
Slack 频道：#noisy-exercise-chatter。
方向：
❏ A 部分：把航空公司的数据[3]输入你自己的 Sagemaker 中。

---

[1] https://aws.amazon.com/sagemaker/
[2] https://aws.amazon.com/blogs/machine-learning/analyze-us-census-data-for-population-segmentation-using-amazon-sagemaker/
[3] https://aws-tc-largeobjects.s3-us-west-2.amazonaws.com/CUR-TF-200-ACBDFO-1/Lab5/flightdata.csv

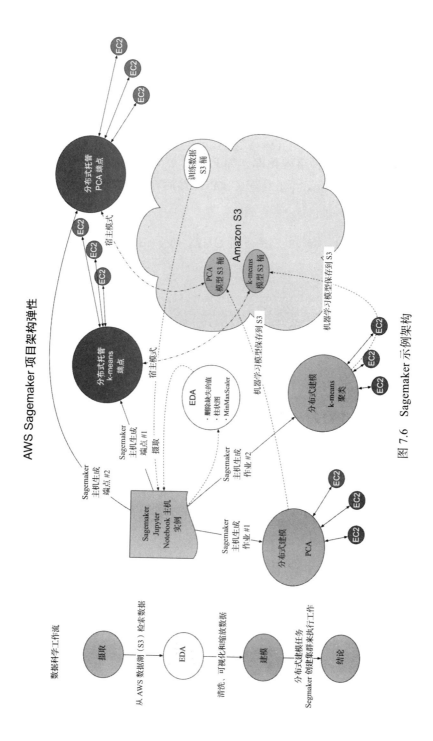

图 7.6　Sagemaker 示例架构

❑ B 部分：执行数据科学工作流。

- 摄取：处理数据。
- EDA：可视化和探究数据。
- 模型：创建某种形式的模型。
- 结论。

❑ C 部分：考虑尝试多种可视化库，如 Plotly⊖、Vega、Bokeh 和 Seaborn。

❑ D 部分：下载 notebook 并上传至 Colab，然后在 GitHub 的 portfolio repo 中检查 notebook。

提示：你可能想要截断数据，并使用 UNIX 的 shuf 命令将小规模版本上传到 GitHub。

```
1  shuf -n 100000 en.openfoodfacts.org.products.tsv\
2  > 10k.sample.en.openfoodfacts.org.products.tsv
3  1.89s user 0.80s system 97% cpu 2.748 total
```

7.3　Azure ML Studio 概述

另一个具有引人注目的特性的机器学习平台是 Azure ML Studio⊜。它与 AWS Sagemaker 有许多相同的理念。

通过下面的录屏学习使用 Azure ML Studio 来执行 AutoML。

视频链接：https://www.youtube.com/watch?v=bJHk0ZOVm4s。

7.4　谷歌 AutoML 计算机视觉

另一个引人注目的可管理平台是谷歌 AutoML 计算机视觉⊜。它可以自动对图像进行分类，然后以 tflite 格式将模型导出到诸如 Coral TPU USB 这样的边缘设备⊕。

⊖　https://plot.ly/

⊜　https://azure.microsoft.com/en-us/services/machine-learning/

⊜　https://cloud.google.com/vision/automl/docs/beginners-guide

⊕　https://coral.ai

通过下面的录屏学习使用谷歌 AutoML 来执行计算机视觉。

视频链接：https://www.youtube.com/watch?v=LjERy-I5lyI。

7.5　总结

本章深入探讨了平台技术在机器学习中的作用，特别是在大规模机器学习方面的作用。所有主要的云平台都有引人注目的机器学习平台，可以显著降低组织机构在机器学习方面所遇到问题的复杂性。一个新兴的趋势是使用 MLOP 和 DevOps 来解决这些机器学习方面的问题。

Chapter 8　第 8 章

数据科学案例研究和项目

本章涵盖了数据科学、机器学习、大数据以及其他与数据相关的主题的案例研究。

案例研究：数据科学满足间断性禁食

早在 20 世纪 90 年代初，我就读于加州州立理工大学，主修营养科学。我之所以选择这个学位是因为我痴迷于成为一名职业运动员。我觉得学习营养科学可以给我提供一个额外的优势。在这个时候，我了解了关于热量限制和衰老这方面的研究。

我还参加了营养生物化学课的自我实验。我们对血液进行离心试验，计算低密度脂蛋白、高密度脂蛋白和总胆固醇水平。我们补充了大量的维生素 C，然后收集尿液，看看我们的身体吸收了什么。结果表明，在健康的大学生的身体中，什么都没有被吸收，因为当营养水平较低时，身体会通过提高吸收灵敏度来对营养物质的吸收做出明智的反应。补充维生素往往是浪费钱财。

我花了一年的时间学习解剖学和生理学，学会了如何解剖人体。后来，在生物化学课上，我了解了 Kreb 循环和糖原储存的工作原理⊖。人体产生胰岛素来促进肝脏和

⊖　https://en.wikipedia.org/wiki/Citric_acid_cycle

肌肉组织对葡萄糖的摄取。如果这些区域"满了",它就把糖原放入脂肪组织,促进脂肪合成。同样,当身体没有糖原或进行有氧活动时,脂肪组织是主要的能源。这些脂肪就是我们"额外"的油箱。

我还在加州州立理工大学,以一个失败的十项全能运动员的身份度过了一年。我经历过的一件惨痛的事情是,做太多的举重运动对跑步等运动的表现是有害的。我身高 6 英尺 2 英寸(约 1.88 米),体重 215 磅(约 97.5 千克),可以做大约 25 次 225 磅(约 102 千克)的卧推(类似于 NFL 后卫卧推的水平)。我还在 4 分 30 秒内跑完 1500米(约 1 英里),并经常在与一级长跑运动员的 3 英里(约 4.8 千米)训练中名列前茅。我还可以在罚球线附近扣篮,以 10.9 秒的成绩跑完 100 米。

我是一名优秀的运动员,并且全面发展,但是多年来我都在做错误的运动(健身)。我的职业道德高到爆表,但对于我选择的运动来说也没有效果,甚至适得其反。我也高估了自己参加一个我甚至没有做过太多活动的项目的能力,比如撑竿跳高。我差点入选了校队,只是有一个人排在我前面,导致我落选了。然而,在我生命的这段时间里,这几乎不算什么。这段经历是我第一次尽最大努力去做的事情,但最终还是失败了。

作为一名前硅谷软件工程师,我后来发现了一个词来形容这种行为:YAGNI。YAGNI 代表"你不需要它"。就像我花了几年时间增加了 40 磅(约 18 千克)额外的肌肉,但最终我的运动成绩却降低了一样,你可能在软件项目中也会做错误的事情。这方面的例子包括构建从未在应用程序中公开的功能,或者像高级的面向对象编程这样过于复杂的抽象。这些技术简直就是"累赘"。它们是有害的,因为这需要花费时间来开发,而这些时间原本可以花在有用的东西上,因此会一直减缓项目的进度。正如田径项目的例子所显示的那样,一些最有动力和天赋的人可能是最糟糕的滥用者,他们会给项目增加不必要的复杂性。

营养科学领域也有 YAGNI 问题。间断性禁食是一个很好的简化技巧的例子。它的工作原理就像删除一篇 2000 字文章的一半,这通常会使其变得更好。事实证明,几十年来所增加的"复杂性"可以被忽略和删除:经常吃的零食、早餐以及超加工食品⊖。

　　⊖　https://www.health.harvard.edu/staying-healthy/eating-more-ultra-processed-foods-may-shorten-life-span

你不需要吃早餐或零食。为了进一步简化，你不需要一天吃很多次。这是在浪费时间和金钱。你也不需要超加工食品：早餐麦片、蛋白棒或任何其他"人造"食品。结果是，YAGNI 又反映在我们的饮食方面。你也不需要为实现这一方法购买任何东西，包括书籍、补充物或膳食计划。

有一个众所周知的问题叫作旅行推销员问题⊖。这个问题很有趣，因为在许多城市旅行时，没有完美的解决方案来找到最佳的出行路线。在日常语言中，这意味着解决方案过于复杂，无法在现实世界中实现。要解决与数据有关的问题需要的时间越来越长。而计算机科学使用启发式方法来解决这些问题。我在研究生院写的一个启发式解决方案并不是很有创新性，但它给出了一个合理的解释⊜。它的运作方式是随机选择一个城市，那么，当出现可能的路线时，你总是选择最短的路线。在最终的解决方案中，会显示总距离。然后，你可以多次重新运行此模拟，然后选择最短的距离。

为什么间断性禁食如此有效？它也跳过了计算卡路里来减肥这一无法解决的复杂问题。间断性禁食是一种有用的启发式方法。不用计算卡路里，你可以在第 5 天⊜、第 7 天⑭的某段时间里不进食。这些时段可以如下所示：

每日禁食：

❑ 8 小时进食窗口或 16：8
- 中午 12 点～晚上 8 点
- 早上 7 点～下午 3 点
❑ 4 小时进食窗口或 20：4
- 下午 6 点～晚上 10 点
- 上午 7 点～上午 11 点

禁食时间越长，模式越复杂：

⊖ https://en.wikipedia.org/wiki/Travelling_salesman_problem
⊜ https://github.com/noahgift/or
⊜ https://www.dietdoctor.com/intermittent-fasting
⑭ https://www.nejm.org/doi/10.1056/NEJMra1905136

❏ 5 : 2

- 五天正常进食，两天热量限制，通常是 500 卡路里
- 隔日禁食
- 一天正常进食，另一天限制热量摄入，通常是 500 卡路里

　　我的试验主要是每天禁食 16 小时或 20 小时。作为一名数据科学家、营养学家和认真的运动员，我也会用数据说话。我在 2011 ～ 2019 年的体重数据如图 8.1 所示[⊖]。从 2019 年 8 月到 2019 年 12 月，我基本上是按照 12 : 8 的间断性禁食规律。

图 8.1　体重数据

我在分析体重和实验数据中所体会到的一件事是，一些小事会产生很大的不同：

❏ 避免"人造食物"

❏ 8 小时睡眠

❏ 日常锻炼

❏ 间断性禁食

❏ 你不可能通过运动来摆脱不良的饮食习惯

⊖　https://github.com/noahgift/intermittent-fasting/blob/master/intermittent_fasting.ipynb

YAGNI 的一顿饭是什么样子？图 8.2 是一个例子。

图 8.2　健康食物

❑ 牛油果蘑菇煎蛋
- 鸡蛋
- 香菇
- 奶酪
- 牛油果
- 辣番茄酱

只需要几分钟就可以产生脂肪，天然食物会让你觉得饱了，而且也不贵。

当我"胖"的时候，正是我没有做到以上几点的时候：在创业公司疯狂地工作，吃"人造"食物。在禁食状态下锻炼需要一点时间来适应，但我发现在我所从事的许多运动（攀岩、举重、HIIT 训练和巴西柔术）中，它都能提高成绩。同样，我在编写软件、写书和做智力方面的工作也很有成效。我补充的主要"窍门"是经常饮用普通的冷泡咖啡和水。

我的结论是，间断性禁食是显著改善一个人生活质量的最佳方法之一。它不需要花费什么，而且很容易做，最主要的是你每天都锻炼并且有科学依据。为什么不试试呢？

我的这项研究参见 https://doi.org/10.5281/zenodo.3596492。

据 NEJM（《新英格兰医学杂志》）报道，"越来越多的证据表明，6 小时进食和 18 小时禁食可以触发新陈代谢，使葡萄糖基能量转换为酮基能量，从而增强抗压力能力，延长寿命，降低癌症和肥胖等疾病的发病率。"⊖

据 NHS（护士健康研究）报道，"一些生活方式和行为可能会影响一个人能否长期维持能量平衡。例如，摄入含糖饮料、甜食和加工食品可能会很难维持这一平衡，而摄入全谷物、水果和蔬菜可能会使之变得更加容易。"⊖

这项研究还提出了一种解决肥胖问题的数据挖掘方法。多摄入坚果、水果和酸奶。减少或不摄入薯片、土豆和含糖饮料（请注意超加工食品和胰岛素飙升之间的联系）。如图 8.3 所示，以下是导致体重增加的主要食物：

❑ 炸薯片
❑ 炸薯条
❑ 含糖饮料

以下是帮助减轻体重的主要食物：

❑ 坚果
❑ 水果
❑ 酸奶

⊖ https://www.nejm.org/doi/10.1056/NEJMra1905136
⊖ https://www.ncbi.nlm.nih.gov/pmc/articles/PMC315173

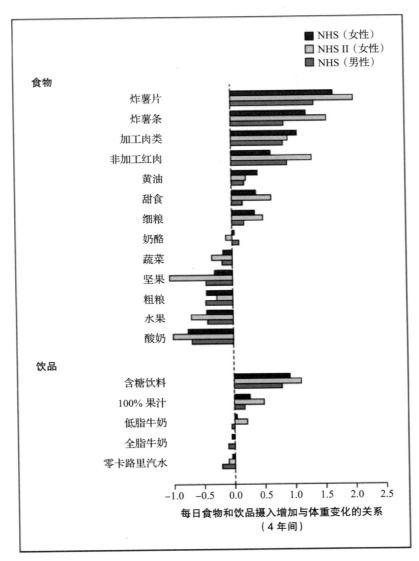

图 8.3 食物和饮品摄入增加与体重变化的关系

第 9 章 Chapter 9

随　笔

9.1　为什么在 2029 年前将不会有数据科学这个职位

最初发表于 2019 年 2 月 4 日的《福布斯》杂志[一]。

在大约 10 年内，将不会有数据科学之类的职位列表，原因如下。2019 年没有 MBA 职位，就像没有计算机科学职位一样。MBA、计算机科学和数据科学都是学位，而不是职位。我认为，一些公司之所以招聘数据科学方面的人才，是因为它们认识到了新兴的趋势（云计算、大数据、人工智能、机器学习），并希望在这方面投资。

不过，有证据表明，这是一种暂时现象，是技术成熟度曲线[二]的正常部分。我们刚刚度过了数据科学的泡沫期，即将进入低谷期。从我的立场来看，结果将是这样的：数据科学作为学位和才能将继续存在，但职位却不会。

数据科学职位的低谷将会是如下这些情况：

❑ 许多数据科学团队还没有交付出高管可以通过 ROI 来衡量的结果[三]。

[一] https://www.forbes.com/sites/forbestechcouncil/2019/02/04/why-there-will-be-no-data-science-job-titles-by-2029/#5ded3a2d3a8f

[二] https://www.gartner.com/en/research/methodologies/gartner-hype-cycle

[三] https://thenewstack.io/add-it-up-machine-learning-developers-dont-predict/

❏ AI 和机器学习给人们带来的兴奋感让人们暂时忽略了一个基本问题：数据科学家是做什么的？

❏ 对于复杂的数据工程任务，每个数据科学家需要 5 个数据工程师[一]。

❏ 数据科学家所执行的许多任务都将实现自动化，包括机器学习。每个主要的云提供商都在某种类型的 AutoML 提议上投入了大量的资金[二]。

最近一个类似现象的例子在系统管理员中得到了体现。这个职位曾经是前云时代 IT 界最热门的工作之一。看看从 2004 年到现在的谷歌趋势（Google Trends）[三]，你可以看到 Active Directory 这一系统管理员的关键技能是如何与 AWS 互换位置的。最近求职网站 Dice 上的一篇文章[四]提到了几个濒临消失的技术职位。Windows/Linux/UNIX 系统管理员是即将消失的重要工作之一。这些职位由于被云、DevOps 工具和 DevOps 工程师所替代而减少。我相信类似的事情也会发生在数据科学的职位上。数据科学家的角色将转变成其他的东西。

这是否意味着攻读数据科学这个学位是错误的？我相信在未来的十年里，这将是一个重要的学位，而不是一个职位。然而，将会有一场演变。对数据科学家来说，重点是提高他们在不可自动化的事情上的技能：

❏ 沟通技巧
❏ 应用领域方面的专业知识
❏ 创造收益和业务价值
❏ 懂得如何去构建事物

一些未来可能取代数据科学家位置的职位包括机器学习工程师、数据工程师、AI 牧马人（AI wrangler）、AI 沟通者（AI communicator）、AI 产品经理和 AI 架构师。唯一可以确定的是变化，而数据科学正在发生变化。把握这一趋势的一个方法是投资数据科学、机器学习和云计算技能，以及拥抱软技能。另一种思考这种困境的方法是了解那些容易自动化的任务。这些任务包括特征工程、探索性数据分析和琐碎的建模。

[一] https://www.oreilly.com/ideas/data-engineers-vs-data-scientists
[二] https://ai.google/stories/cloud-automl/
[三] https://user-images.githubusercontent.com/58792/51049592-28bec200-1583-11e9-8506-840269a9d9b0.png
[四] https://insights.dice.com/2017/10/24/tech-jobs-danger-becoming-extinct/

然而，你应该致力于更具挑战性的自动化任务，比如生产一种机器学习系统，其可以增加关键业务指标并创造收益。

想要走在潮流前面的公司可以拥抱机器学习的实用主义和自动化。成为云或自动化机器学习任务的第三方软件解决方案的早期采纳者，是 2019 年以及之后的一个明显的战略优势。

9.2　利用教育的拆分

最初发表于 2019 年 12 月 26 日的《福布斯》杂志[一]。

2019 年，每 10 名应届大学毕业生中就有 4 人所从事的工作不需要大学文凭[二]。学生贷款创历史新高，今年已攀升至 1.5 万亿美元以上[三]。与此同时，失业率徘徊在 3.6%[四]。到底发生了什么？工作和教育不匹配。

微软 CEO 萨蒂亚・纳德拉（Satya Nadella）最近表示，现在每家公司都是软件公司。软件在哪里运行？其运行在云上。那么，云就业市场是什么样子呢？看起来很可怕。最近的一项调查显示，94% 的机构很难找到云方面的人才[五]。Chase 公司的董事长兼 CEO 杰米・戴蒙（Jamie Dimon）表示[六]："主要的雇主都在对员工和社区进行投资，因为他们知道这是获得长期成功的唯一途径。"

让我们来分析一下大部分市场的教育和就业状况：

❑ 教育昂贵。

❑ 学生们在不适合就业的领域获得学位。

❑ 即使是相关领域（计算机科学、数据科学等）的学位也很难跟上快速变化的就业市场当前的需求。

　[一]　https://www.forbes.com/sites/forbestechcouncil/2019/12/26/exploiting-the-unbundling-of-education/#3a791f9a692b

　[二]　https://www.wsj.com/articles/the-long-road-to-the-student-debt-crisis-11559923730

　[三]　https://www.forbes.com/sites/zackfriedman/2019/02/25/student-loan-debt-statistics-2019/#3c58d30d133f

　[四]　https://www.bls.gov/news.release/pdf/empsit.pdf

　[五]　https://insights.dice.com/2018/12/03/cloud-skills-gap-companies-desperate-tech-pros/

　[六]　https://www.cnbc.com/2019/08/19/the-ceos-of-nearly-two-hundred-companies-say-shareholder-value-is-no-longer-their-main-objective.html

☐ 许多专业人士没有时间或金钱去接受传统的高等教育[一]。

☐ 可供选择的教育形式正在出现[二]（拆分）。

☐ 甚至传统的高等教育课程也在补充直接来自行业中的"走向市场"资源[三]，比如证书。

什么是拆分？网景（Netscape）公司的前 CEO 詹姆斯·巴克斯代尔（James Barksdale）表示[四]："据我所知，只有两种赚钱的方式：捆绑和拆分。"教育捆绑已经存在很长一段时间了，其可能正处于高峰期。

有线电视行业的捆绑销售已经有相当长一段时间了，它增加了越来越多的内容，提高了收费，以至于许多消费者需要支付每月 100～200 美元的电视费用[五]。在很多情况下，消费者只是想要一个特定的节目或网络，比如 HBO，但他们没有选择的余地。时至今日，我们可能正处于流媒体内容拆分的高峰期，可以有 Disney+、Netflix、亚马逊及其他的选择。

教育领域有哪些类似的选择？云计算提供商创建了自己的教育渠道[六]。你可以在高中学习云计算，获得云平台认证，然后直接拿到六位数的薪水——而且成本几乎为零。教育内容和这些云计算学分是免费的，并由云供应商维护。这一过程与就业教育是一一匹配的。这是免费的，但不是由传统的高等教育提供的。

同样，许多大规模的开放网上课程（MOOC）提供了相对较少的教育捆绑[七]，比如订阅 HBO 可获得一部分学校教育。这些设计提供了免费和付费的订阅版本。在付费版本中，所得到的通常只是传统大学所提供的服务（职业咨询、同伴指导和就业安

[一] https://eml.berkeley.edu/~saez/saez-UStopincomes-2017.pdf

[二] https://www.forbes.com/sites/susanadams/2019/04/25/online-education-provider-coursera-is-now-worth-more-than-1-billion/#5675592230e1

[三] https://www.dallasnews.com/business/2019/09/25/amazon-and-texas-community-colleges-launch-degree-for-cloud-computing/

[四] https://hbr.org/2014/06/how-to-succeed-in-business-by-bundling-and-unbundling

[五] https://fortune.com/2018/11/15/average-cable-tv-bill-cord-cutting/

[六] https://techcrunch.com/2018/11/26/amazon-says-its-making-freely-available-the-same-machine-learning-courses-that-it-uses-to-teach-its-own-engineers/

[七] https://www.usnews.com/education/online-education/articles/2016-01-22/what-employers-think-of-badges-nanodegrees-from-online-programs

置）的一小部分。

在排名前 20% 的大学中，目前的捆绑是很有意义的。规模经济创造了引人注目的产品。其余 80% 的大学可能正在发生戏剧性的变化，类似于实体零售店所发生的变化⊖。

现在让我们进入探索部分。当前的工作技能与合格的申请的匹配方面存在着危机。无论是在上高中还是有着 20 年的工作经验，自我勉励的学习者都可以使用免费或低成本的学习方法来提升技能，以适应未来的工作。与传统的两年制或四年制学位相比，这种转变时间要快得多。经过一年的不懈努力，有可能进入许多新的技术领域。

对于在数据科学、机器学习、计算机科学等热门领域攻读学士或硕士学位的学生来说，你可以创建自己的"捆绑"。将学校的规模经济效益和精英培训的拆分结合起来，这样你就可以在竞争中脱颖而出。我在研究生课程中教过很多学习机器学习的学生，他们感谢我推荐他们在当前的学位上添加了一个线上捆绑。这使他们与某个职位建立了独特的关联。

同样，对于文科本科生来说，有一个令人惊讶的公式值得借鉴。在与招聘经理谈论数据科学家所欠缺的技能时，他们告诉我，沟通、写作和团队合作是最需要拥有的。英语、交流和艺术专业的学生可以抓住而且应该抓住技术捆绑，并将其添加到他们的学历中。

以下是一些关于在技术捆绑中寻找什么的想法：它有一个主动的平台还是被动的平台？动态的平台允许你消费内容（视频和书籍），并据此来编写代码或解决问题。是否有一个与产品相关的社区？社区驱动的平台允许你与导师交往，并在社交媒体上分享你的成就。

拿到学位、期望一份可以终身从事的工作的日子已经过去了。相反，在未来，要终身学习，学会使用各种工具和服务。好消息是这很有趣。欢迎来到教育拆分的勇敢新世界。

⊖ https://www.forbes.com/sites/aalsin/2018/11/08/brick-and-mortar-retail-a-case-study-in-disruption-or-a-self-inflicted-wound/#5b191c1d7913

9.3 垂直集成的 AI 栈将如何影响 IT 机构

最初发表于 2018 年 11 月 2 日的《福布斯》杂志[⊖]。

最后一次你的笔记本电脑的 CPU 时钟速度变快是什么时候？最后一次怀疑云计算是什么时候？答案是：大约是在垂直集成的 AI 栈开始引起一些重视的时候。你可能会问自己：什么是垂直集成的 AI 栈？简短的回答是，没有一个完美的定义，但是有几个好的出发点可以让讨论更加清晰。

创建垂直集成的 AI 栈的一些普遍因素是数据、硬件、机器学习框架和云平台。

加州大学伯克利分校教授大卫·帕特森（David Patterson）[⊖]指出，摩尔定律[⊜]已经终结。他说："单处理器的性能每年只增长了 3%。"按照这个速度，处理器的性能将不会每 18 个月翻一番，而是每 20 年翻一番。CPU 性能提升上的这一阻碍带来了其他的机会，即设计用于运行特定 AI 工作负载的芯片。专用集成电路（ASIC）就是为特定任务而设计的微芯片。

最广为人知的 ASIC 是图形处理器（GPU），它在历史上只用于图形处理。今天，GPU 是进行大规模并行计算（如深度学习）的首选硬件。几个趋同的因素创造了一个独特的技术时期：云计算技术的成熟、CPU 改进方面的瓶颈以及当前人工智能和机器学习方面的进展。《大规模并行处理器编程实战》一书的作者 David Kirk 指出："CPU 设计优化了顺序代码的性能。"然而，他进一步指出，"GPU 是并行的，是面向吞吐量的计算引擎。"

所有这些是如何与垂直集成的 AI 栈联系在一起的？谷歌云是阐明垂直集成 AI 含义的绝佳案例。谷歌云上经常使用的软件是 TensorFlow，它恰好是深度学习最流行的框架之一。它可以使用 CPU 或 GPU 进行训练。它还可以使用 TPU（TensorFlow 处理器），这是谷歌专门为与 GPU 竞争而创建的，可以更有效地运行 TensorFlow 软件。

⊖ https://www.forbes.com/sites/forbestechcouncil/2018/11/02/how-vertically-integrated-ai-stacks-will-affect-it-organizations/#43ea64c11713

⊖ https://spectrum.ieee.org/view-from-the-valley/computing/hardware/david-patterson-says-its-time-for-new-computer-architectures-and-software-languages

⊜ http://www.mooreslaw.org/

要进行深度学习（一种使用神经网络的机器学习技术），既需要大量的数据，也需要大量的计算资源。然后，云就成了进行深度学习的理想环境。训练存在云存储中的数据，GPU 或 TPU 用于运行深度学习软件来训练模型以进行预测（即推理）。

除了存储、计算和框架，谷歌还提供了可管理的自动云平台软件，如 AutoML，其允许用户只需上传数据而不需要任何编程来训练深度学习模型。

最终的垂直集成是基于边缘的设备，如移动电话和物联网设备。然后，这些设备可以运行 TPU 的一个"轻"版本，其中先前训练的机器学习模型被分发到设备，并且基于边缘的 TPU 可以执行推理（即预测）。此时，谷歌完全控制了一个垂直的 AI 栈。

谷歌并不是唯一一家考虑垂直集成 AI 的科技公司。苹果对这个想法有不同的看法。苹果生产了移动和笔记本电脑硬件，而且还制造了名为 A11/A12/A13/A14 的 ASIC。A 芯片还被明确设计为在边缘端运行深度学习算法，如自动驾驶汽车，这是一个苹果计划进入的市场。此外，XCode 开发环境允许集成 CoreML 代码，经过训练的深度学习模型可以转换为在 iPhone 上运行，并在 A12 芯片上提供预测。因为苹果还控制着 App Store（应用商店），因此对于使用其设备的消费者来说，苹果有完整的 AI 垂直集成软件。此外，AI 代码可以在 iOS 设备上本地运行，并提供预测，而无须将数据发送回云端。

这只是垂直集成 AI 战略的两个例子，但包括甲骨文、亚马逊和微软在内的许多其他公司都在朝着这一战略努力。Gartner[⊖]预测，到 2020 年，AI 将出现在所有软件应用中。对任何 IT 机构来说，问题不是它是否会使用 AI，而是何时以及如何使用 AI。一个公司还应该考虑如何将垂直集成的 AI 融入其战略和供应商以执行其 AI 战略。

将 AI 应用到任何一家公司的一种实用方法就是从"精益 AI"开始。确定 AI 可以帮助解决业务问题的用例。客户反馈和图像分类是两个常见的例子。接下来，确定一个 AI 解决方案供应商，该供应商通过 API 和允许更多定制的低级工具来提供解决

　⊖　https://www.gartner.com/en/newsroom/press-releases/2017-07-18-gartner-says-ai-technologies-will-be-in-almost-every-new-software-product-by-2020

这些问题的现成方案。最后，以 AI API 为起点，创建一个加强当前产品的最小解决方案。然后将其投入生产。衡量效果，如果足够好，就可以停止。如果需要改进，你可以将栈降级，以达到一个更个性化的结果。

9.4　notebook 来了

最初发表于 2018 年 8 月 17 日的《福布斯》杂志[一]。

大约 5 年前，在商学院，几乎所有的 MBA 课程都使用 Excel。现在，作为一个在商学院任教的人，我目睹了几乎所有的课程都在使用某种类型的 notebook 技术。在课堂之外，企业正在迅速采用基于 notebook 的技术[二]，这些技术取代或增强了传统的电子表格。目前有两种主要的 notebook 技术：Jupyter Notebook[三]和 R Markdown[四]。

在这两种 notebook 技术中，Jupyter 最近一直在加快发展。谷歌通过 Colab Notebook 和 DataLab 拥有了多种版本的 Jupyter。AWS[五]在 Sagemaker 中使用了 Jupyter 技术，Kaggle 使用了 Jupyter 技术来举办数据科学竞赛，而像 Databricks 这样一个管理 Spark 的提供商也使用了 Jupyter。2015 年，Jupyter 项目通过戈登（Gordon）和贝蒂·摩尔（Betty Moore）基金会以及赫尔姆斯利（Helmsley）慈善信托基金获得了 600 万美元的资金[六]。这些资金用于升级所有主要的云提供商（包括 AWS、谷歌和 Azure[七]）所使用的核心技术。每个云提供商都添加了它们自己的定制内容（谷歌是 GCP 集成，Azure 是 F# 和 R 集成[八]）。

为什么所有这些公司都在使用 Jupyter？最大的原因是它很好用。另一个原因是 Python 已经成为数据科学和机器学习的标准。

[一]　https://www.forbes.com/sites/forbestechcouncil/2018/08/17/here-come-the-notebooks/#10fe47817609

[二]　https://www.youtube.com/watch?v=kL4dnqtEoA4

[三]　http://jupyter.org/

[四]　https://rmarkdown.rstudio.com/

[五]　https://aws.amazon.com/sagemaker/

[六]　http://news.berkeley.edu/2015/07/07/jupyter-project/

[七]　https://notebooks.azure.com/

[八]　https://notebooks.azure.com/Microsoft/libraries/samples/html/FSharp%20for%20Azure%20Notebooks.ipynb

谷歌开发了一款独特的 Jupyter Notebook ：Colab Notebook⊖。这个版本是最新的和更引人注目的版本之一。它利用了现有的谷歌文档生态系统，增加了打开、编辑、分享和运行 Jupyter Notebook 的功能。如果你想看看这是什么样子，我有几个 Colab Notebook⊜，涵盖了用 Python 进行机器学习的基础知识，你可以探索一下。如果这是你第一次使用 Jupyter 或 Colab Notebook，那么当你看到它能做什么时，你可能会惊掉下巴。

威廉·吉布森（William Gibson）曾说过一句名言⊜："未来已经到来——只是分布得不太均匀而已。"这一说法无疑适用于 notebook 技术。它已经打破了数据世界，而且它可能已经存在于你的公司中，不管你是否使用它。它打破数据世界的一种特殊方式是，它是进行数据科学项目的默认平台。从本质上说，如果你使用云并进行数据科学方面的工作，那么你很有可能会使用 Jupyter 技术。其次，传统电子表格的一些固有的局限性，比如处理大量数据，会随着编写与云数据库技术打交道的代码的能力的增强而消失。如果供应商在数据科学生态系统中提供了一项服务，那么它们很可能在 Jupyter 中有一个示例，并且在 Jupyter 中有一个工作流。

这种颠覆的一个强大的副作用是，它如何将机器学习和数据科学直接交到商务人士的手中。许多技术颠覆会造成工人失业，这种颠覆的影响力是非常巨大的。可以毫不夸张地说，在几年内（或更短的时间内），交互式数据科学 notebook 将会像传统电子表格一样普及或更加普及。

正如我在前面提到的，还有另一种 R Markdown notebook，这是一种被 R 社区大量使用的基于 Markdown 的 notebook 技术。R Markdown 有许多吸引人的特性，包括输出多种格式，比如 Shiny 交互式仪表板、PDF，甚至 Microsoft Word。Shiny 是一种仅使用 R 语言创建的交互式仪表板技术，其正在成为交互式数据可视化的热门选择。

这些 notebook 通过 Markdown 来工作，Markdown 是一种轻量级且简单的标记语言，其在 GitHub 中被大量使用，并用于这些主流的 notebook 技术中。使用 Markdown

---

⊖　https://colab.research.google.com/

⊜　https://github.com/noahgift/functional_intro_to_python#safari-online-training--essential-machine-learning-and-exploratory-data-analysis-with-python-and-jupyter-notebook

⊜　https://www.goodreads.com/quotes/7841442-the-future-is-already-here-it-s-just-not-very

的好处是，它省去了需要掌握 HTML、CSS 和 Javascript 才能编写丰富文档的棘手步骤。此外，GitHub 甚至支持将 Jupyter Notebook 作为网页进行本地呈现。现在微软已经同意收购 GitHub[⊖]，你可以看到主要的云供应商都在大力支持 Markdown 和 notebook 技术，包括 Jupyter。

理解 notebook 的最好的方法之一就是使用它们。有几种使用 notebook 的方法。也许最简单的方法是创建一个共享的 Google Colab Notebook。许多商务人士对使用共享的谷歌文档都很熟悉。类似的风格也适用于共享的 Colab Notebook。首先，从欢迎页面[⊜]打开一个 Colab Notebook，修改它，然后与一两个同事分享。

大约 30 秒后，你就可以与世界上大多数数据科学家使用完全相同的工作流程。

9.5　云原生机器学习和 AI

最初发表于 2018 年 7 月 5 日的《福布斯》杂志[⊜]。

在过去的十年里，云是一股颠覆性的力量，触及了各行各业。不过，并非所有的云技术都是一样的。有像无服务器这样的云原生技术和像关系数据库这样的云遗留技术，它们最早是在 1970 年提出的[⊛]。注意到这一区别的一种简单方法是将云视为新的操作系统。在云出现之前，你必须编写 Windows、Mac 或一些 UNIX/Linux 风格的应用程序。在云出现之后，你可以移植遗留应用程序和遗留技术，或者为云设计原生的应用程序。

云原生趋势的出现就是无服务器技术的兴起。最近的无服务器技术的例子包括 AWS、Lambda、谷歌云函数、IBM 云函数 /OpenWhisk，以及微软 Azure 函数。伴随着无服务器技术的兴起，像 AWS Sagemaker 这样的托管机器学习平台也出现了。Sagemaker 的典型工作流程是提供一个 Jupyter Notebook，并探索和可视化管理在 AWS 生态系统中的数据集。它内置了对 PB 级数据的一次单击训练的支持，并且模型会自

⊖　https://www.theverge.com/2018/6/4/17422788/microsoft-github-acquisition-official-deal

⊜　http://colab.research.google.com/notebooks/welcome.ipynb

⊜　https://www.forbes.com/sites/forbestechcouncil/2018/07/05/cloud-native-machine-learning-and-ai/#ae1337653971

⊛　https://cs.uwaterloo.ca/~david/cs848s14/codd-relational.pdf

动调优。这个模型的部署也可以通过一次单击来完成。然后，你可以自动缩放集群，并使用内置的 A/B 测试支持。

机器学习的下一个创新周期是更高级别技术的出现，这些技术可以利用云计算的原生能力。在过去的十年中，人们仍然普遍认为，只有通过进入数据中心并将物理磁盘插入机架，才能为应用添加更多的存储。许多公司在开发机器学习生产系统时，也做着类似的工作。随着更高层次的抽象和自动化成为现实，这些遗留工作流程同样也会过时。利用云原生机器学习平台的优势，可以为朝着这个方向发展的机构带来显著的竞争优势。需要花费几个月时间的机器学习反馈循环，现在只需要花费几个小时或几分钟。对许多公司来说，这将彻底改变它们使用机器学习的方式。

幸运的是，对于公司来说很容易利用云原生机器学习平台。所有主要的云平台都有一个等价的免费层，其中任何一名团队成员都可以注册一个自己的账户，创建一个试点项目。在 AWS Sagemaker 中，许多示例 notebook 按原样运行，或者稍加修改以使用公司的数据。通常在大型机构中很难一开始就获得认可来使用颠覆性技术。只有一个办法就是用你的信用卡来解决。当你完成了解决方案的原型设计，你就可以展示大机构在这方面的成果，而不必在请求许可时陷入困境。

另一个类似的趋势是将现成的人工智能（AI）API 与无服务器的应用框架结合起来使用。通过利用云供应商针对自然语言处理、图像分类、视频分析方面和其他认知服务的 API，来解决复杂的问题。将这些技术与无服务器架构相结合，可以实现比小型团队更丰富的应用和更快的开发周期。下面的工作流就是一个简单的例子。

用户上传一张图像并将其保存在云存储中，云函数在云存储中等待存储事件。然后，该云函数使用一个图像分类 API 来确定图像中对象的内容。接下来将这些标签（人、猫、车等）存储在一个无服务器的数据库中，并反馈给机器学习系统，该系统使用这些数据实时更新现有的个性化 API。该模型是实时更新的，因为它使用了下一代机器学习技术，其支持模型训练和部署的增量更新。

还有许多其他方法可以将现成的 AI API 与无服务器的应用框架相结合。所有主要的云供应商都在创建认知和 AI API 方面取得了重大进展。这些 API 可以执行语义分析、推荐、图像和视频处理，以及分类等。这些 API 天生适合无服务器架构，通过组合几个 Python 函数，可以在数小时内编写出简单的解决方案。这些解决方案可以应用的一些业务场合包括：内部数据科学团队提供的原型、外部社交媒体声誉的监控，以及内部的黑客活动。

在云时代的第一阶段，许多数据中心的技术都与云端相连。在云领域的第二阶段，云原生应用将释放出强大的新功能，这些功能可以由较小的团队来执行。特别是，对于数据科学的多面手来说，他们可以利用这些新的机器学习和 AI 工具集，并最终以全栈数据科学家的身份控制栈，这是令人兴奋的新的机会。他们将执行数据科学的整个生命周期——从问题定义到数据收集，到模型训练，再到生产部署。

9.6 到 2021 年会培训 100 万人

事后来看，颠覆总是很容易被发现的。作为一种促进公共出租车服务的机制，支付 100 万美元购买一个出租车运营执照（参见图 9.1）[一]到底有何意义呢？

图 9.1 加利福尼亚州旧金山 1996 年出租车运营执照补充牌照

像 Lyft[二]和 Uber[三]这样的公司解决了哪些问题？

[一] https://www.npr.org/2018/10/15/656595597/cities-made-millions-selling-taxi-medallions-now-drivers-are-paying-the-price

[二] https://www.lyft.com/

[三] https://www.uber.com/

❑ 降低价格

❑ 推与拉（司机去接你）

❑ 可预测的服务

❑ 养成反馈回路的习惯

❑ 异步设计

❑ 数字与模拟

❑ 非线性工作流

9.6.1　高等教育的现状将会被打破

教育领域也出现了类似的颠覆。根据 Experian 的调查[⊖]，从 2008 年开始，学生债务呈线性增长，达到了历史最高水平（参见图 9.2）。

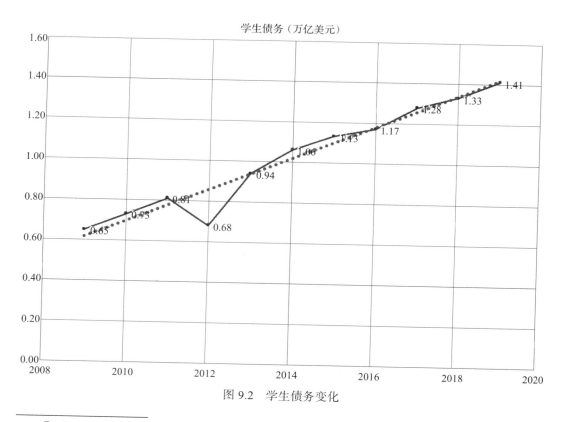

图 9.2　学生债务变化

⊖　https://www.experian.com/blogs/ask-experian/state-of-student-loan-debt/

伴随着这一令人不安的趋势，还有一个同样令人不安的统计数据：2019 年，每 10 名大学毕业生中就有 4 人所从事的工作不需要大学学历（如图 9.3 所示）。

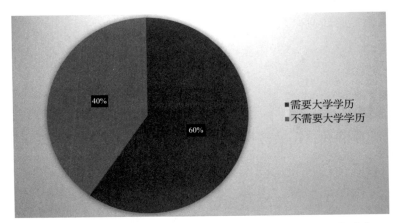

图 9.3　2019 年应届大学毕业生所从事的工作对大学学历的需求

这个过程是不可持续的。学生贷款不可能每年都持续增长，同时，几乎一半的学生都不能直接找到工作。如果结果是一样的，为什么学生不应该花费四年的时间去学习个人健身、体育、音乐或烹饪艺术之类的爱好呢？至少在那种情况下，虽然他们会负债，但有一个可以享用一辈子的有趣爱好。

在 *Zero to One*⊖一书中，彼得·泰尔（Peter Thiel）提到了 10 倍法则。他指出，一家公司要想成功，就必须比最接近的竞争对手强十倍。一种产品或服务可能会比传统教育好 10 倍吗？是可能的。

那么好 10 倍的教育系统会是什么样子呢？

建立学徒制
如果教育计划的重点是工作，那么为什么不在上学期间进行工作培训呢？

以客户为中心
目前的高等教育系统主要集中在教师和教师研究上。谁来为此来买单？教育的客户，即学生。成为教育工作者的一个基本标准是在著名的期刊上发表文章。这与客户

⊖　https://www.amazon.com/Zero-One-Notes-Startups-Future/dp/0804139296

之间只有间接的联系。

同时，在公开市场上，像 Udacity⊖、Edx⊜这样的公司直接向客户提供商品。这种培训是针对具体工作的，而且以比传统大学快得多的速度不断更新。

教给学生的技能可能只狭隘地专注于获得一份工作。大多数学生都专注于找工作。他们不太关注如何成为一个更好的人。实现这一目标还有其他途径。

缩短完成时间

学位需要四年才能完成吗？如果攻读学位的大部分时间都花在非必要的事情上，那么可能需要更长时间。为什么不能花一两年的时间获得学位呢？

降低成本

据 USNews®报道，四年制公立大学的州内学费平均为 10 116 美元 / 年，州外学费平均为 22 577 美元 / 年，私立大学的学费平均为 36 801 美元 / 年。自 1985 年以来，获得四年制学位的总成本（扣除通货膨胀因素）一直在增长（如图 9.4 所示）。

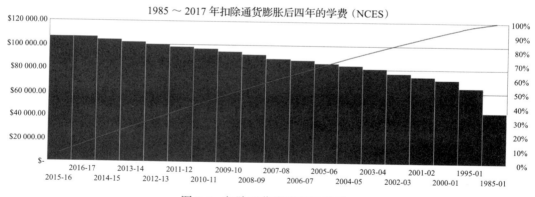

图 9.4　扣除通货膨胀后的学费

竞争对手能提供一个便宜十倍的产品吗？一个出发点应该是撤销 1985 ～ 2019

⊖ https://www.udacity.com/course/cloud-dev-ops-nanodegree--nd9991
⊜ https://www.edx.org/
⊝ https://www.usnews.com/education/best-colleges/paying-for-college/articles/paying-for-college-infographic

年所发生的事情。如果产品没有改进，但成本增加了两倍，那么颠覆的时机就成熟了。

异步和远程优先

许多软件工程公司已经决定"远程优先"[⊖]，而像 Twitter 这样的公司正在向分布式劳动力方向转变[⊜]。在构建软件时，输出是数字产品。如果工作是数字的，那么可以按照指令，使环境完全是异步和远程的。异步和远程的第一个优点是按规模分布。

"远程优先"环境的优点之一是组织结构更注重结果而不是位置。在许多软件公司，不必要的会议、嘈杂的工作环境和长时间的通勤造成了巨大的混乱和浪费。许多学生将进入"远程优先"的工作环境，对他们来说，在这些环境中学习取得成功的技能可能是一个明显的优势。

包容优先与排他优先

许多大学都会公开说明有多少学生申请了自己的课程，而只有很少的学生被录取了。这种基于排他优先的方法旨在增加需求。如果出售的是实物资产，比如马里布（Malibu）海滩别墅，那么价格会根据市场需求调整。如果出售的资产是数字的，并且可以无限扩展，那么排他就没有意义了。

但是没有免费的午餐，严格的新兵训练营式的课程[⊜]也并非没有问题。特别是，课程质量和教学质量不应是事后诸葛亮。

非线性与连续

在数字技术出现之前，许多任务都是连续操作的。电视编辑技术就是一个很好的例子。20 世纪 90 年代，我在 ABC 电视网做编辑。你需要编辑物理磁带。很快，这些视频就变成了硬盘上的数据，这开启了许多新的编辑技术。

同样，在教育方面，没有理由强制安排学习时间。异步打开了许多新的学习方式的可能性：上班族可以在周末或午休时间学习。

⊖ https://www.hashicorp.com/resources/lessons-learned-hypergrowth-hashicorp-remote-engineering-teams

⊜ https://www.cnbc.com/2020/02/08/twitter-ceo-jack-dorsey-san-francisco-comments-a-warning-sign.html

⊜ https://nymag.com/intelligencer/2020/02/lambda-schools-job-placement-rate-is-lower-than-claimed.html

终身学习：为不断提升技能的毕业生提供长久的内容

教育机构应该重新考虑"远程优先"，因为这将允许为毕业生创建课程（零成本或 SaaS 的费用）。SaaS 可以作为一种保护措施，来抵御竞争对手的冲击。许多行业需要不断提高技能，技术领域就是一个很好的例子。

可以肯定地说，任何技术工作者每六个月都需要学习一项新技能。目前的教育产品没有考虑到这一点。为什么毕业生没有机会学习这些资料并获得这方面的认证？增强型毕业生可以带来更好的品牌。

9.6.2　地方就业市场将会被打破

作为一名前旧金山湾区的软件工程师和房主，我不认为以目前的成本结构居住在这个地区在未来会有任何优势。高速发展地区的高生活成本引发了许多连锁问题：无家可归、通勤时间增加、生活质量大幅下降等。2017 年美国各地家庭购房负担能力如图 9.5 所示。

在美国，每个家庭的购房负担能力都不一样

有购房负担能力
- 低于 25%
- 25% ～ 50%
- 50% ～ 75%
- 高于 75%

Notes: Median incomes are estimated at the core-based statistical area (CBSA) level. Recently sold homes are defined as homes with owners that moved within the 12 months prior to the survey date. Monthly payments assume a 3.5% downpayment and property taxes of 1.15%, property insurance of 0.35%, and mortgage insurance of 0.85%. Affordable payments are defined as requiring less than 31% of monthly household income. Only CBSAs with at least 30 home sales in the past year are shown.
Source: JCHS tabulations of US Census Bureau, 2017 American Community Survey 1-Year Estimates, and Freddie Mac, PMMS.

图 9.5　购房负担能力

哪里有危机,哪里就有机会。许多公司意识到,在成本超高的地区,无论有什么好处,都是不合算的。相反,拥有良好的基础设施和低生活成本的地方中心拥有巨大的机会。可以作为就业增长中心枢纽的一些特征包括:上大学的机会多,交通便利,住房成本低,以及良好的政府增长政策。

田纳西州就是一个很好的例子。那里提供免费的双学位课程[⊖],也有机会进入许多顶尖大学,生活成本低,并且有机会进入顶尖研究机构,比如 ORNL(https://www.ornl.gov/)。这些地区可以极大地打破现状,特别是在接受远程优先和异步教育以及劳动力的条件下。

9.6.3 招聘流程的打破

美国的招聘流程已经准备好要被打破了。它很容易被打破,因为它关注的是直接的、同步的操作。图 9.6 展示了通过取消所有的面试,代之以让拥有合适证书的个人自动应聘,是如何打破招聘流程的。这个过程是一个典型的分布式编程问题,它可以通过将任务从串行和有 bug 的工作流转移到完全分布式工作流来解决瓶颈问题。公司应该把工人"拉"出来,而不是让他们在徒劳的工作中不断地使用被锁住的资源。

9.6.4 为什么学习云计算不同于学习编程

云计算如此重要的一个原因是它简化了软件工程的许多方面。它简化的一个问题是构建解决方案。许多解决方案通常涉及一个 YAML 格式文件和少量 Python 代码。

9.7 总结

这一章结合了我从在世界顶级大学任教到在旧金山湾区创业的过程中脑海中形成的许多想法。这些文章都是在新冠肺炎疫情暴发之前写的。现在,随着新冠肺炎病毒的出现,许多更为奇特的想法似乎成为一种强大的趋势。

⊖ https://tnreconnect.gov/

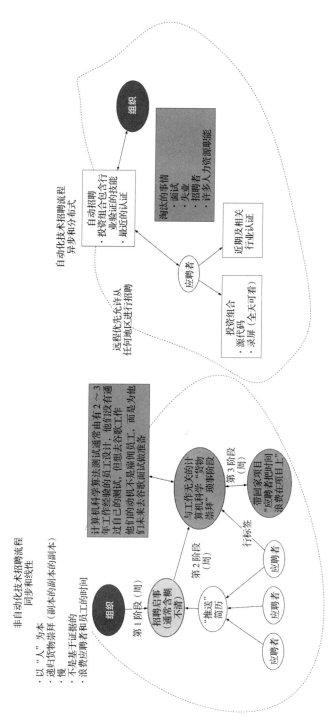

图 9.6　打破的招聘流程

Chapter 10 | 第 10 章

职业规划

在学校里很少谈论的话题之一是如何找到工作和制定职业规划。在学校里，大部分的注意力都集中在理论和取得好成绩上。这一节将讨论获得一份工作的实用技巧。

10.1 成为三项全能选手才能获得一份工作

在数据行业谋得一份工作的一种方法是成为三项全能选手。什么是三项全能？

☐ 数据相关专业学位：数据科学、计算机科学、信息系统等
☐ 丰富的高质量原创工作
☐ 一个或多个行业认可的证书

10.2 如何为数据科学和机器学习工程建立作品集

一个好的数据职业作品集的要素包括：

☐ 一个 1～5 分钟的录屏，包括专业水平的录音和录像，以及清晰的解释。

❑ 100% 可重用的 notebook 或源代码

❑ 原创工作（不是 Kaggle 项目的副本）

❑ 真正的激情

在构建 Jupyter Notebook 时，需要考虑的是分解数据科学项目中的步骤。通常的步骤是：

❑ 摄取

❑ EDA（Exploratory Data Analysis，探索性数据分析）

❑ 建模

❑ 结论

当为机器学习工程建立一个作品集时，还需要额外的项目。具体来说，MLOP 的许多方面需要在 README 和录屏中讨论。谷歌○和微软○有很多关于 MLOP 的很好的参考资料。这些有助于你丰富最终的作品集。

10.3 如何学习

与其他职业相比，与软件相关的职业是独一无二的。与软件相关的职业与职业运动员、武术家或音乐家有更多的共同点。取得成功的过程包括接受痛苦和常犯错误。

1. 创造属于自己的 20% 的时间

永远不要相信一家公司是你学习知识的唯一来源。你必须开辟自己的学习道路。一种方法是每天花几个小时来学习新技术，并把它作为一种习惯。把它当作你职业生涯的一种锻炼。

2. 接受错误的心态

避免错误和追求完美是很常见的。大多数学生都想在考试中得到满分，即获得

○ https://cloud.google.com/solutions/machine-learning/mlops-continuous-delivery-and-automation-pipelines-in-machine-learning

○ https://docs.microsoft.com/en-us/azure/machine-learning/concept-model-management-and-deployment

"A"。我们会防止交通事故、食品掉落和其他错误发生。

在学习成为一名称职的软件工程师的过程中，最好把这一点抛于脑后。不断地犯错误意味着你走在正确的道路上。这星期你犯了多少错？今天你犯了多少错？威廉·布莱克（William Blake）在 1790 年就说得很好："如果蠢人坚持做蠢事，他就会变聪明。"

3. 找到类似的爱好来测试你的学习能力

如果你问一群拥有 10 年以上经验的成功的软件工程师，你会听到这样的说法："我是一台学习机器。"那么，学习机器是如何更好地学习的呢？一个方法是选择一项需要多年才能掌握的运动，你对此项运动是一个完完全全的初学者，以此来观察你自己。攀岩和巴西柔术特别合适。

巴西柔术还有另外一个作用，就是自卫。

10.4　pear 收益策略

我们生活在一个新时代，用笔记本电脑和互联网连接就可以创业。作为一名长期的顾问和企业家，我开发了一个适合自己的框架。在评估与谁一起工作和做什么项目时，我会想到 PPEAR（我将它称为"pear"，即"梨"），如图 10.1 所示：

❑ P（Passive，被动的）
❑ P（Positive，积极的）
❑ E（Exponential，指数的）
❑ A（Autonomy，自主性）
❑ R（Rule of 25%，25% 的规则）

1. 被动的

❑ 这种行为是否会导致被动收益（如书籍、产品、投资）？
❑ 你拥有客户吗？理想的情况是，你专注于留住客户。
❑ 什么是版税关系？

图 10.1　pear

- 剥削者（20% 或更低）。
  - 与剥削者合作应该有非常令人信服的理由。也许它们能让你曝光，或者给你一个机会。
  - 剥削者的缺点是它们一直在膨胀。你要和多少层面的人打交道？完成一件事需要多长时间？这可能比你自己去做所需的时间多出 10 ～ 100 倍。
- 合作伙伴（50% 或以上）。
  - 平等的伙伴关系有很多值得喜欢的地方。合作伙伴在金钱和时间上都有"利益关系"。
  - 平台（80% 或更高）。
  - 使用平台有利有弊。平台的优势在于，如果你能够自给自足，你便能够留住大部分收益。
  - 缺点是你可能还没有一个基准。你可能没有一个定义什么是好的框架。你可能想要和剥削者一起工作，在直接进入平台之前看看它们是怎么做的。

注意：不是每个人都想成为作家、创造者，但每个人都可以成为投资者。这可能需要把你 50% 的 W2 收入投入到指数基金或出租一套房子。

2. 积极的

当你从事一个项目或者和合作伙伴共事时，这必须是一种积极的经历。如果环境不好，即使报酬很高，最终也会失去积极性。要问的问题有：

- ❑ 我每天都快乐吗？
- ❑ 我是否尊重每天一起共事的人？
- ❑ 和我一起共事的人是否都取得过成功？
- ❑ 我的健康状况是否有所改善或维持现状（包括睡眠、健康、营养）？
- ❑ 你就是你花最多时间与之相处的五个人中的平均值。

3. 自主性

另一个关于项目或与合作伙伴共事的重要问题是自主性。如果你擅长自主工作，你就需要自由。你知道什么是好的，而你的合作伙伴可能不知道。你有多大的独立性？你是最终能把赌注押在自己身上，还是成功掌握在别人手上？

- ❑ 这个动作是增加了自主性还是产生了依赖性？
- ❑ 我是否学会了什么并成长了？也许是一种新的技能，新的声望，或品牌关系。
- ❑ 它是自动的还是手动的？避免无法自动化的任务。
- ❑ 我是把赌注押在自己身上，还是依赖别人来获得成功？

4. 指数的

另一个关于项目或与合作伙伴共事的重要问题是指数势（exponential potential）。也许你决定与剥削者合作是因为这个项目的指数势。如果你与剥削者一起共事，但项目没有指数势，那么这可能不是一个好项目。

- ❑ 这个动作会导致指数级反应吗？
  - 收益
  - 用户
  - 流量
  - 新闻或声望

5. 25% 的规则

你赚的钱是什么颜色的？如果你是一名雇员，这对你来说可能很有价值，因为你学到了技能，并建立了人际网络。记住，这是"红色的"钱（如图 10.2 所示）。这些红色的钱随时可能消失。你没有控制权。

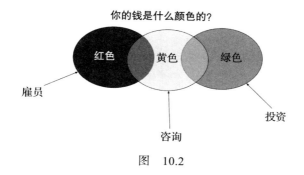

你的钱是什么颜色的?

图 10.2

咨询是"黄色的"钱。这是朝着正确方向迈出的一大步。你可以在做雇员的同时做一些咨询方面的工作。这样做可以减少作为雇员的一些风险。但是,作为一名顾问,你必须小心,不要让任何一个客户占据超过你总收入的 25%,最好不要超过你咨询收入的 25%。亲不敬,熟生蔑。最好的关系是当人们表现出最好的行为时的关系,并且人们知道这种关系只是为了解决问题。

像房地产、指数基金和数字产品这样的投资都是"绿色的"钱。这种收入来源会一直给你带来回报。理想的情况是绿色的钱占你收入的 80%,并将咨询或作为雇员所得限制在你收入的 20%。

要点

❑ 一种收入来源不能超过当年总收入的 25%。

❑ 你的钱是什么颜色的:红色的、黄色的、绿色的? 优化绿色的钱。

❑ 红色 = 雇员。

❑ 黄色 = 咨询 (见 25% 的规则)。

❑ 绿色 = 被动的。

注

❑ 感谢 Andrew Hargadon[一]和 Dickson Louie[二]的反馈和有启发性的想法。

❑ 一些好的相关建议参见文章 "1000 True Fans? Try 100" [三]。

[一] https://andrewhargadon.com/

[二] https://gsm.ucdavis.edu/faculty/dickson-louie

[三] https://a16z.com/2020/02/06/100-true-fans/

10.5　远程优先（掌握异步工作）

事后看来，颠覆是显而易见的，但一旦出现，却很难发现它们。远程优先似乎是一个真正的颠覆。Hashicorp 在其网站⊖上详细讨论了远程工作。

一个驱动因素是住房拥有成本。在美国的某些地区，比如旧金山湾区，建立劳动力队伍是没有意义的。哈佛大学的 JCHS（Joint Center for Housing Studies，住房研究联合中心）有许多可视化交互数据可以解释这一点⊜。

另一个因素是远程优先优化了结果。现场环境的一个重要问题是进度的"表象"与实际的进度的矛盾。被拖去参加几个小时却毫无结果的会议就是一个很好的例子。让"销售"团队干扰开发人员在开放式办公环境中编写代码是另一回事。当重点严格放在结果上时，远程优先就开始变得很有意义了。

10.6　找工作：不要攻城拔寨，要走边门

技术行业一直都有一个"梦想"的工作头衔。这些头衔时有时无，包括 UNIX 系统管理员、网络管理员、网站管理员、Web 开发人员、移动开发人员、数据科学家。当这些职位头衔出现时，公司会匆忙地招聘这些职位。

然后所有的进步都停止了，越来越多的障碍出现了。一个典型的例子是，某项技术只存在了一年的时间，而你却要求某人具有十年的经验。进入"城堡"变得不可能了。城堡前面有守卫、热油、长矛，还有一个怪物在护城河里等着。相反，想想边门。通常，边门是一个不那么有声望的职位。

结语

假设你已经来到了这里，谢谢你坚持看完这本书。这本书既是云计算解决方案的实践指南，也是你思考职业规划的指南。最后一条建议是，成功不是请求来的。要把成功的赌注押在自己身上。

⊖　https://www.hashicorp.com/resources/lessons-learned-hypergrowth-hashicorp-remote-engineering-teams
⊜　https://www.jchs.harvard.edu/son-2019-affordability-map